博弈心理学

Game Psychology

突破困局并立于不败之地的策略思维

沧海满月◎著

黑龙江教育出版社

图书在版编目（CIP）数据

博弈心理学 / 沧海满月著. -- 哈尔滨：黑龙江教育出版社, 2017.6
（读美文库）
ISBN 978-7-5316-9327-7

Ⅰ. ①博… Ⅱ. ①沧… Ⅲ. ①心理学 - 通俗读物 Ⅳ. ①B84-49

中国版本图书馆CIP数据核字（2017）第172291号

博弈心理学
BoYi XinLiXue
沧海满月 **著**

责任编辑 徐永进
装帧设计 久品轩
责任校对 张铁男
出版发行 黑龙江教育出版社
（哈尔滨市南岗区花园街158号）
印　　刷 天津安泰印刷有限公司
开　　本 880毫米×1230毫米　1/32
印　　张 7
字　　数 140千
版　　次 2017年9月第1版
印　　次 2017年9月第1次印刷

书　　号 ISBN 978-7-5316-9327-7　　**定　　价** 26.80元

黑龙江教育出版社网址：www.hljep.com.cn
如需订购图书，请与我社发行中心联系。联系电话：0451-82533097　82534665
如有印装质量问题，影响阅读，请与我公司联系调换。联系电话：010-64926437
如发现盗版图书，请向我社举报。举报电话：0451-82533087

前言
Preface

在一个大学的酒吧里，四个男生正商量着如何去追求一位漂亮女生，旁边一个男生却在喃喃自语："如果他们四个人全部去追求那个漂亮女生，那她一定会摆足架子，谁也不睬。然后他们再去追其他女孩子，别人也不会接受，因为没有人愿意当'次品'。但如果他们先去追其他女生，那么漂亮女生就会感到被孤立，这时再追她就会容易得多。"

在那个男生的眼里，追求女生就是一场"博弈"。这是影片《美丽心灵》中的一个情节。

爱情、婚姻问题，就像一场游戏、一场竞赛，在这场游戏和竞赛中，男人和女人都想彼此"征服"或"打败"对方。当一个男人和一个女人产生爱的火花的时候，男人和女人之间的博弈就开始了。但人生的博弈开始得更早，当你出生时，就开始了和自己、和别人的博弈。

博弈论原本为游戏理论，这一理论涉及的"游戏"范围甚广：人际关系的互动、球赛或麻将的出招、股市的投资等等，都可以用博弈论巧妙地解释，可以说，红尘俗世，莫不博弈。博弈论探讨的就是聪明又自利的“局中人”如何采取行动及与对手互动。人生是由一局又一局的博弈所组成，你我皆在其中竞相争取高分。所以说人生是一场永不停止的博弈游戏，每一步进退都关成败。

人生就是一场内容丰富的博弈，考试是博弈，事业中的决断是博弈，人生的选择也是博弈。在人与人的对决中，一方面，你要使自己的招式没有弊病，尽量完美；另一方面，你要不断猜测和判断对手的每一步棋。博弈心理学，实际上就是我们在与人互动时，基于心理分析的策略思考。尽管我们不知道下一步等待我们的将会是什么，但我们可以通过制定完美的策略，来洞悉对方的真实意图，采取相应的手段，应对每一场困境，争取自己的最大胜算。

我们博，就是博那个我们所期待的结果；我们弈，也是期望能够推动对手往我们期待的方向移动。我们学习博弈心理学，就是为了摆脱别人的控制与操作，同时在一定程度上控制与操作别人，帮助我们的人生顺利地朝着自己期望的目标行进。

本书介绍博弈心理学的基本理论和模型，以及博弈心理学在人际交往、职场、投资创富、销售、婚恋等方面的活学活用。文中通过一个个生动鲜活的事例向人们展示经验教训，让读者能够感悟到生存的智慧和方略。衷心希望你的每一次选择都更加理性而睿智，让你的人生更加精彩而顺遂。

目录
Contents

第一章

生活中的博弈心理学

世事如棋。生活中每个人如同棋手，其每一个行为如同在一张看不见的棋盘上布一个子，精明慎重的棋手们相互揣摩、相互牵制，人人争赢，下出诸多精彩纷呈、变化多端的棋局。棋手之间的博弈，很大程度上都是心与心的较量，充满了影响与反影响、操纵与反操纵。博弈心理学帮助我们在错综复杂的相互影响中得出最合理的策略。

对博弈的理解

通俗地讲，博弈就是指游戏中一种选择策略的研究。博弈的英文为“game”，我们一般将它翻译成“游戏”。而在英语中，“game”的意义不同于汉语中的游戏，它是人们遵循一定规则的活动，进行活动的人目的是让自己“赢”。我们在和对手竞赛或游戏的时候怎样才能使自己赢呢？这不但要考虑自己的策略，还要考虑其他人的选择。生活中博弈的案例很多，只要涉及人群的互动，就有博弈。

一天晚上，你参加一个派对，屋里有很多人，你玩得很开心。这时候，屋里突然失火，火势很大，无法扑灭。此时你想逃生。你的面前有两扇门，左门和右门，你必须在它们之间选择。但问题是，其他人也要争抢这两扇门出逃。如果你选择的门是很多人选择的，那么你将因人多拥挤冲不出去而被烧死。相反，如果你选择的是较少人选择的，那么你将逃生。这里我们不考虑道德因素，你将如何选择？

一个人做选择时必须考虑其他人的选择，而其他人做选择时也会考虑此人的选择。此人的结果——博弈论称之为支付，不仅取决于他的行动选择——博弈论称之为策略选择，同时取决于其他人的策略选择。这样，此人和其他人就构成了一个博弈。

博弈的特色是互动性，就是博弈的参与者至少有两个，即使只有一个人，比如我们考虑今天出门是否带雨伞，也要把天气作为另一个博弈参与者。只要明白了博弈的这个特点，任何事情我们都可以看作是博弈。请看下面这个寓言故事：

有一个人死后升了天，在天堂待了数日，觉得天堂太单调，于是就请求天使让他去地狱看看，天使答应了他。

他到了地狱，看到繁花似锦的宫殿、一群群妖媚的美女以及各种美食。他对魔鬼说："今天我决定在这里过夜，听说这里很好玩。"魔鬼同意让他留下来过夜，并派了个美女招待他。

第二天，那人回到天堂。跟地狱比起来，天堂的生活仍然很单调。过了不久，他又开始想念地狱的花天酒地，再次请求天使准许他去地狱。一切都如同上一次，他容光焕发地回到天堂。又过了一阵子，他向天使说他要去地狱永久居住，说完不理天使的劝告，坚决地离开了天堂。

他到了地狱，告诉魔鬼他是来定居的，魔鬼把他迎进去，可这次接待他的是一个蓬头散发、满脸皱纹的老太太。"以前接待我的那些美女哪儿去了？"那人不满又好奇地问。

"朋友，老实跟你说，旅游是旅游，移民却不是一回事！"魔鬼告诉他。

这是一个很简单的故事，但它与博弈有什么关系呢？我们先看里面的局中人，在这个生活场景里有天使、魔鬼、当事人。当事人有两种策略选择：一种是继续待下去，另一种是换个环境，比如去地狱。这两种选择是他与自己生活状态的一种博弈。如果我们把与他博弈的局中人换成天使，那么他在选择两种策略的时候，就要考虑天使的反应。他想选择第二种策略，去地狱，天使就面临着答应与不答应两种策略。若天使答应，他怎么办，若天使不答应，他又该怎么办。当然，最后的策略天使是答应了。他去地狱后，魔鬼与他进行博弈。用诱惑来吸引他和用丑恶来接待他，这两种策略选择中，魔鬼为了留住他，先用第一种策略来吸引。如果魔鬼先用第二种策略的话，当事人肯定要走了，绝不会留在地狱的。魔鬼先选择第一种策略，而等当事人决定留在地狱后，再拿出第二种策略。魔鬼的每一个策略都是揣摩当事人的意思而定的，他和当事人之间有一个互动关系，如果当事人的策略选择是不留下，魔鬼肯定要换另外的策略，他总是按照当事人可能的策略选择来定自己的策略。

人与人之间的博弈，很大程度上都是心与心的较量，充满了影响与反影响、操纵与反操纵。我们只有站在博弈的制高点，客观、冷静地观察与分析，才能察觉到他人的意图，用最有效的策略克敌制胜。

构成博弈的五个基本要素

博弈由很多要素构成，每个博弈至少包含五个基本要素。

1.局中人

局中人又名决策主体、参与者、博弈者。在一场竞赛或博弈中，每一个有决策权的参与者都成为一个局中人。只有两个局中人的博弈现象称为“两人博弈”，而多于两个局中人的博弈称为“多人博弈”。

博弈中的参与者在游戏里扮演不同角色。比如象棋，有这样几种角色：将、相、士、车、马、炮和卒，俨然一支军队。每个角色都是一次棋局博弈的局中人。当然，比起真实的人生，这个模型过于简单了，但一样可以映射出现实的生活。

在整个人生中，博弈无处不在，因为人们时时刻刻都在想着与他人竞争，时时刻刻都把自己摆在一个局中人的角度。从这个意义上讲，人生本身就是一场博弈，而人则永远是博弈的局中人。

2.策略

博弈中有了局中人，就要开始进行策略的选择了。一局博弈中，每个局中人都有可供选择的、实际可行的、完整的行动方案。这个自始至终筹划全局的行动方案，称为这个局中人的一个策略。

如果在一个博弈中，局中人都只有有限个策略，则称为“有限博弈”，否则称为“无限博弈”。由于每个人都随时面对各种选择，随时扮演着局中人的角色，所以在人生这场大游戏里，策略的选择异常重要。正所谓“一着不慎，全盘皆输”。

3.效用

所谓效用，就是所有参与人真正关心的东西，是参与者的收益或支付，我们一般称之为得失。每个局中人在一局博弈结束时的得失，不仅与该局中人自身所选择的策略有关，而且与全体局中人所取定的一组策略有关。所以，一局博弈结束时，每个局中人的得失是全体局中人所取定的一组策略的函数，通常称为支付（pay off）函数。每个人都有自己的支付函数，其实每个人都为自己的每一步行动简单地计算过支付函数中效用的得失，也就是干一件事情值还是不值。

4.信息

在博弈中，策略选择是手段，效用是目的，而信息则是根据目的采取某种手段的依据。信息是指局中人在作出决策前，了解的关于支付函数的所有知识，包括其他局中人的策略选择给自己带来的收益或损失，以及自己的策略选择给自己带来的收益或损失。在策略选择中，信息自然是最关键的因素，只有掌握了信息，才能准确地判断他人和自己的行动。

5.均衡

均衡是一场博弈最终的结果。均衡是所有局中人选取的最佳策略所组成的策略组合。均衡是平衡的意思。在经济学中，均衡即相关量处于稳定值。在供求关系中，如果某一商品在某一价格下，想以此价格买此商品的人均能买到，而想卖的人均能卖出，此时我们就说，该商品的供求达到了均衡。纳什均衡就是一个稳定的博弈结果。

在上述要素中，局中人、策略、效用和信息规定了一局博弈的游戏规则，均衡是博弈的结果，也是游戏结束的最后结局。

博弈是与人“斗心眼儿”的利器

学习博弈论的好处在于，它教会我们一种策略化思维，教我们如何与人你来我往地内心较量，帮助我们应对操纵与反操纵，解决各种人生难题。

公元前203年，楚军和汉军正在广武对峙。当时项羽粮少，欲求速胜，于是隔着广武涧冲刘邦喊：“天下匈匈数岁者，徒为吾两人矣。愿与汉王挑战，决雌雄，勿徒苦天下之民父子为也。”意思是说，天下战乱纷扰了这么多年，都是因为我们两个的缘故。现在，我们单挑以决胜负，以免让天下无辜的百姓跟着我们而受苦。面对项羽的挑战，刘邦是如何应答的呢？汉王笑谢曰：“吾宁斗智，不能斗力！”意思是说我跟你比的是策略，而不是跟你比谁的武功更高，力气更大。

由此可知，刘邦比项羽更具有策略性思维，他的想法更符合博弈论的道理。现实生活中的很多对抗局势，其胜负主要取决于身体素质或者运动技能，要在这些对抗局势中获胜，只需锻炼身体技能就可以。这样的对抗局势虽然也可纳入博弈论的研究范畴，但是这些并非博弈论研究者们最感兴趣的话题。在更多的对抗局势中，其胜负很大程度上甚至完全依赖于谋略技能。比如一场战争的胜负，往往取决于双方的战略和战术，而不是哪一方的统帅体力更好，武功更高。要在这样的对抗局势中获胜，就需要锻炼谋略技能，也就是刘邦所说的“吾宁斗智，不能斗力”。众所周知，楚汉相争的结局是刘邦赢得了天下，项羽兵败自刎而死。“斗智”才是博弈论研究者深感兴趣的，同时也是我们学习博弈论、运用博弈思维能够有所收获的。

在人生这个竞技舞台上，我们每一个人都渴望成功。运用博弈思维，懂得策略之道，恰恰满足了我们获得成功、避免失败的心理要求，并使我们在所参与的博弈中取得利益的最大化。

如果有人一定要像剥洋葱一样地剥开博弈思维，看看施展各种博弈技巧的核心是什么，那么他将会看到两个字——理性。

我们的任何结果均是决策和行动的产物，要想得到想要的行动结果，就要依靠理性思维。冲动是魔鬼，冲动更是博弈思维的大敌。

博弈论的基本假设：理性人。

博弈论中有一个基本的假设，那就是博弈的参与者是理性的人。其中的理性是指参与者努力运用自己的推理能力使自己的利益最大化。对于“理性”这个词，有必要进行深入的阐释。

其一，理性的人一定是自利的。

所谓自利，就是追求自身利益的行为和倾向。经济学和博弈论中的自利和社会学中的自私不是一回事。在博弈论中，“自利”是一个中性词。博弈论假设参与者都是纯粹理性的，他们以自身利益最大化为目标。

其二，理性和道德不是一回事。

理性的选择只是最有可能实现自己的目标，而不一定最合乎道德。理性和道德有时会发生冲突，但理性的人也不一定是不道德的。

其三，理性和自由不一定一致。

这一点，很多人都深有体会。小孩子厌倦学习，但父母认为只有好好学习，孩子将来才能有出息，于是，父母和孩子之间展开博弈。父母会根据孩子的行动采取各种各样的激励方案，孩子也会根据父母的行动寻找对策。这时，父母和孩子都是理性的，也都是不自由的。因为父母的自由意愿是让孩子幸福快乐，但理性让他们宁愿让孩子放弃暂时的轻松快乐；孩子的自由意愿是玩耍，但由于知道父母会惩罚他们的玩耍行为，所以理性地选择了并不喜欢的学习。这就是理性和自由的悖论。当然，有时候理性的选择和自由的选择也有可能达成一致，这是最理想的状态。

如果一个人的目标不够明确，头脑不够冷静，思路不够清晰，那么他与理性人还有一段距离。

操纵别人，先满足他的心理需求

人要生存，他的需要能够影响他的行为。只有未满足的需要能够影响行为，满足了的需要不能充当激励工具。这是由美国社会心理学家、人格理论家和比较心理学家马斯洛在1943年发表的《人类动机的理论》一书中提出的。

这段话告诉我们，想要搞定对方，可以想办法满足其需要，来赢得他人的认可。

但前提是，我们只有了解人的不同需要，设身处地地为他人着想，尊重个体需求，才能获得对方的好感。让对方满意了，对方才会信任我们，愿意为我们处理事情，帮助我们，从而达到有效地操纵别人的效果。下边我们看一个寓言故事，来看看怎样使用这种方法：

小猴想进一趟城，可是没有人拉车。他想呀想，终于想出了一个非常好的主意。他在车上系了三个绳套：一个长，一个短，一个不长也不短。做完这些后，他便叫来了小老鼠，让小老鼠闭上眼，拉长套。又叫来小狗，让他闭上眼，拉短套。他再叫来小猫，在小猫背上系了一块肉骨头，让小猫闭上眼，拉不长不短的绳套。小猴爬上车，让大家一齐睁开眼。小老鼠看见身后有猫，吓得拉着长套拼命跑；小猫看见前面有只老鼠，拉着套使劲地追；小狗看见猫背上的肉骨头，馋得直往前撵。就这样，小猴快快活活地坐在车里，不一会儿工夫就到了城里。

看过这个寓言故事，不能不为小猴的聪明拍手称绝。小猴子就是明白了每个动物的需求，然后通过满足每个动物吃东西的愿望，来激发它们的动力，让它们都跑了起来。从这个故事中我们也看到了尊重个体不同需求的重要性，如果猴子没有发现三个动物的需求不同，给每个动物身上都绑上一块骨头，那么其中的猫就肯定不会卖力跑；如果把狗换成了羊，羊看到骨头根本不感兴趣，所以也不会跑。聪明的小猴正是因为懂得个体需求的差异，才让车子成功地跑起来的。

马斯洛理论把需求分成生理需求、安全需求、社会需求、尊重需求和自我实现需求五类，层次由低到高。人要生存，就会有需求。设法满足他人的需求，是一种明智的投资。但每个人需求的层次不同，如果我们没有弄清其需求层次，盲目地满足其需求，就可能费财费力而不讨好。

汤姆是一家软件公司的销售经理，能力强，热爱工作，成绩显著。今年他升任上海总公司的销售经理，薪水也增加了，但是，近期他不但没有工作热情，甚至还有辞职的念头。

为什么升职、加薪反而要辞职呢？经了解，原来引起汤姆不满的原因来自他的上司。他的上司对汤姆到上海工作颇不放心，担心他做不好，总是安排一些很简单的工作，并且在汤姆工作时经常干预。汤姆工作能力较强，习惯独立思考问题、解决问题，对上司的频繁干预，他非常不习惯，并逐渐产生不满情绪。

这个案例应当引起经理的关注。仅仅加薪、晋级不一定能有效激励员工，还应该根据下属的特点，做好其他方面的工作。比如，汤姆的上司应该花一定的时间了解下属，在了解的基础上信任下属，给他舞台让他充分展示自己。当然，要让下属长期保持旺盛的士气，绝非如此简单。还应当采取许多其他的激励方法，比如尊重、关爱、赞美、宽容下属等。还有，提供适当的竞争环境、给下属指出奋斗的目标、帮助下属规划出其发展的蓝图、恰到好处地批评，等等。

人的需求是有层次的，一般要用员工正在追求的那个层级或高于他追求的那个层级来激励他们。如果作为领导者不了解员工的需求层级，用低于他追求的层级来激励他，那么无异于在做无用功。

在人们的日常交往中，不经意的一句话或者一个举动就可能满足对方心理，引起他的感激心理和报偿心理，以实现你的操纵目的。

比如，获得尊重既是一个人名誉地位的显示，也表明了他的德操、品行、学识、才华得到了认可。无论是年长者还是年轻者、位尊者还是位卑者，都期望别人尊重自己。人们对于自己具备的技能都有一种引以为荣的心理，如果想同这些人结识相交，那采取求教法是最有效的切入。

某厂员工小王拿着自己的书法习作来到赵副厂长家里：“赵老，上次听您谈论书法作品，我感到受益匪浅，我自己写了几幅习作，想请您指教指教。”“噢，我来看看。”他们就围绕着书法问题谈论开了。小王从此与赵副厂长结成了忘年之交。

人们都希望尽量做好自己喜爱的工作并取得令人称道的成就，如果这种成就心理能够得到他人的激励，就必定能引起他的感激心理和报偿心理。

博弈思维成就智慧人生

有生活就有博弈。在博弈中，有些时候对手不是别人，而是我们自己。

美国第34任总统艾森豪威尔年轻的时候，有一次吃过晚饭后跟家人一起玩纸牌，一连六盘，他拿到的都是最坏的牌。于是他变得不高兴起来，嘴里开始不停地埋怨。他的母亲停了下来，对他说道："如果你要继续玩下去，就不要埋怨手中的牌怎么样。不管怎样的牌发到手中，你都得拿着。你唯一能做的就是尽你所能，打好手里的每一张牌，求得最好的结果。"

很多年过去了，艾森豪威尔始终记着母亲的话。他按照母亲的话去对待生活，以积极的态度迎接每一次挑战，经过不懈的努力，最终成为美国总统。

2002年获得奥斯卡大奖的影片《美丽心灵》，讲述的是博弈论中纳什均衡的创立者——约翰·纳什的人生历程。

在这部影片中，有这样一个情节：

在普林斯顿大学里，几个男生正在酒吧里商量着如何去追求一位漂亮女生。大家想了很多方法都觉得不是最理想的，而这时还在读书的纳什，开始运用他的"博弈论"思维，给男生们出主意："如果你们几个都去追求那个漂亮女生的话，那她一定会摆足架子，谁也不理睬。这个时候，你们再想追求其他的女生，难度也会加大，因为别人会认为你们把她们当成了'次品'。"

几个男生一听，觉得纳什说得很有道理，忙问他应该怎么办。纳什说道："你们应该首先去追求其他女生，那么那个漂亮女生就会感到被孤立了，这时再去追她就容易得多。"纳什的"博弈理论"说服了几个男生，他们开始去追求漂亮女生周围的女生，漂亮女生很快便形单影只。不过这是纳什故意安排的，因为他也看上了那个漂亮女生。结果很显然，纳什在博弈中获胜，他成功追求到了漂亮女生。

运用博弈的思维，为自己赢得幸福，不仅仅是数学家和经济学家才能做到，我们也同样可以做到。在困境中，我们应尽力作出明智的抉择，实现资源的最佳利用。

要学做人，先学博弈

夫妻俩一起看电视，一个喜欢看足球，一个喜欢听音乐，于是出现下面可能的三种情况：一是两人争执不下，你想看足球，我偏不让，我想听音乐，你偏不同意，于是，干脆关掉电视，谁都别看；二是你看足球，我到其他地方听音乐，或你听音乐，我到其他地方看足球；三是其中一方说服对方，两人同看足球或同听音乐。这是无论在工作还是个人交往中，常会发生的情况。

博弈论的研究者，美国著名的数学天才约翰·纳什（生于1928年），由于与另两位数学家在非合作博弈的均衡分析理论上作出了开创性贡献，对博弈论和经济学产生了重大影响，获得1994年诺贝尔经济学奖。有人把博弈论引入人际关系，认为“人们之间的相互矛盾和相互冲突的关系，实际上就是一种博弈关系。矛盾冲突的结果有三种情况，博弈也有三种类型：负和博弈、零和博弈和正和博弈”。下面我们根据这三种关系来解释并说明人际交往中的一些问题，也许对我们的交际有一定启发。

1.两败俱伤的“负和博弈”

生活中经常会出现这样的情况，在交往时，由于相互的冲突和矛盾，不能达到统一，交际双方都不让步，最后使交际活动不能展开，结果是交际的双方都从中受损，两败俱伤，“博弈论”把这种情况叫“负和博弈”。如上面所举的例子，夫妻俩如果互不让步，干脆关了电视，这样造成的后果是，你的需求不能得到满足，我的感情也有疙瘩，对双方来说都受到伤害；双方的愿望都没有实现，剩下的只能是夫妻两人生气冷战，从而对夫妻感情造成不良影响。

由此不难看出，交际中的“负和博弈”，从双方交锋的结果看，都没有所得，或者所得小于所失，其结果是两败俱伤。“负和博弈”只能加大双方矛盾，使双方失和。交际发生“负和博弈”，如果是初次相交，便会因为两败俱伤而不再交往；如果是朋友，也会因不断发生“负和博弈”而逐渐疏远；即使是夫妻，经常性出现“负和博弈”现象，感情会因之受到严重影响。

2.吃掉一方的“零和博弈”

有两个人合伙做生意，一个有钱出资金，一个有神通疏通关系。在共同努力下，他们的生意很红火。那个有神通的人便起了歹心，想独吞生意。于是，便向出资者提出还了那些资金，这份生意算他一个人的。出资人当然不愿意，因此双方僵持了很长时间，矛盾越来越尖锐，最后诉诸公堂。那个有神通的人不愧有神通，他在两人开始做生意时，便已经给对方下了套，在登记注册时，只注册了他一个人的名字。虽然出资人是原告，却因对方早就下好了套而输了官司。结果，他眼睁睁让对方独吞了生意而没有办法。这便是一种典型的“零和博弈”。

从博弈双方来看，有神通的人是占了便宜，他的所得正是出资人的所失。这对神通广大的人来说，是一时得利，但他这样的作为，从更深一层意义上看，所得也不一定比所失小。这个独吞别人利益的人，会让更多的人不愿意也不敢和他交往，最终也会失去那份很好的生意。

可见，交际中如果用欺诈行为侵占别人的利益，可能会因为欺诈而失去更多。试想一下，有谁愿意和一个一心只想着独吞好处的人交往呢?

3.互利互惠的“正和博弈”

有一对夫妻，妻子半身瘫痪，勉强可以拄着拐走路，丈夫是个聋哑人，但他们生活得很幸福。比如他们要去城里，丈夫由于不会说话，当然不好交际，所以，他们要到城里买东西，这个聋哑丈夫一定会骑着三轮车，让妻子坐上，到了要买东西的地方，妻子坐在三轮车上谈价钱购货物，他们从来没有发生过争吵。为什么呢？就是他们虽然都有残疾，但却能默契配合，所以他们生活得倒也十分快乐。这倒不是因为他们有多大本领，而是因为他们能互相弥补缺陷：妻子走路不方便，丈夫却有强健的身体；丈夫不会说话，妻子却有很好的口才。由于他们能取长补短，所以他们在一起仍生活得十分幸福。这种在交际中能互利互惠的情况，便是“正和博弈”。

可见，所谓“正和博弈”，就是指博弈双方的利益都有所增加，或者至少是一方的利益增加，而另一方的利益不受损害，因而整体的利益有所增加。

用博弈创造交际新局面

由上可以看出，“负和博弈”和“零和博弈”是一种对抗性博弈，或者称之为不合作博弈；而“正和博弈”是一种非对抗性博弈，或者称为合作性博弈。不难看出，人际交往中要取得良好的效果，一般不应采取对抗性博弈，而应该制造非对抗性博弈。要运用“博弈论”创造交际新局面，应注意以下几个方面的问题。

1.别使性负气，要胸怀开阔

交际中之所以经常会发生“负和博弈”现象，大多是因为心胸狭窄，遇事爱使性负气而生。上面所说的夫妻俩看电视，由于意见不统一，个人爱好不同，如果都不容对方的爱好和自己的爱好冲突，便使性负气，关掉电视，这样无疑会造成夫妻关系不和，最后弄得两败俱伤。如果当时双方有一个做一些让步或牺牲，最起码可以满足一个人的意愿，如果另一方也能胸怀开阔一些，容纳对方的爱好，就能使夫妻感情更和谐，生活更美满。

在生活中经常会听到这样的话：“这事我办不成，谁也别想办成。”“这东西我得不到，谁也别想得到。”以这种想法进入交际情境，必然会出现上面关电视那对夫妻那样的僵局。如果不使性负气，而是互相谅解，与人交往采取合作态度，便能使有矛盾和冲突的交际活动朝好的方向发展。例如有一对夫妻，他们一生相敬如宾，妻子在煮鸡蛋时，每次都先吃了蛋白，把蛋黄留给丈夫；而丈夫每次煮鸡蛋时，便自己吃了蛋黄，把蛋白留给妻子。丈夫去世前，说自己想吃鸡蛋时，妻子便煮好了鸡蛋，先剥掉蛋白，将蛋黄给丈夫，丈夫说他想吃一次蛋白。妻子说，你不是喜欢吃蛋黄吗？丈夫摇摇头说，其实他并不喜欢吃蛋黄，只是看妻子爱吃蛋白，所以才每次都吃蛋黄的。这时，妻子告诉丈夫，其实她本来爱吃蛋黄，只是因为见丈夫每次都愿意吃蛋黄，所以她每次才吃蛋白的。

这个故事很美丽，读后让人动容。其实，在交际中，如果遇到了和交际对象发生冲突的时候，能像这一对夫妻那样，为对方着想，采取一种和对方合作的态度，就一定能避免交际中“负和博弈”的发生。

2.别见利忘义，要心地善良

如果说人际交往如博弈，那么“零和博弈”现象的发生，大多是因为有人见利忘义，想吞并对方的利益。这样的人从一开始便心存恶念，自然会用欺诈手段来达到自己的目的。

有这样一个诉讼案件，甲借乙三万元。后来，乙由于家人有病，等钱急用，便向甲讨要。但乙多次找甲，都被其用各种理由推托。乙十分着急，便发火了，甲见状，便一把抢过借条，撕得粉碎，从窗口扔下去，并对乙说，现在谁也不欠谁的了。乙知甲想赖账，便急忙在楼下拾了那已经被撕碎的借条一片一片对起来，可是甲根本不认账，最后只好诉诸公堂。可是甲却说自己已经还给了对方，所以才撕了借条，弄得乙有口难辩，法庭也一时无法判断到底是谁想讹谁，因为甲说得也有道理，如果不给对方钱，乙怎么会让他将借条撕掉呢？后来，法庭觉得甲的理由虽然有合理之处，但毕竟还有许多疑点，所以又做了大量调查，最后乙又提供了一通录音电话作为证据，说明乙曾在向甲讨要欠款时发生过争吵，再加上甲夫妻俩在说什么情况下给钱时口径并不一致，最后判甲败诉，归还乙的钱。

像甲这样的人，本来就不是良善之辈，他在人际关系博弈中，本来就想赖账不还，达到把别人财产归自己的“零和博弈”的目的。不过，最终让法庭抓住了他的狐狸尾巴。这样的人，当然不会有人愿意和他交往。所以说，在交际博弈中，一定不能见利忘义，而应该心存善良，这样，才能不因为在交际中发生“零和博弈”而失去人心。

3.别自以为是，要互谅互让

人和人正常交往，无论在什么情况下，都要相互适应，在发生矛盾和冲突时，如果能从对方的利益出发，能从良好的愿望出发，便能使交际达到互利互惠的“正和博弈”状态。就是说，人际交往要达到效益最大化，就不能以自己的意志作为和别人交往的准则，而应该在取长补短、相互谅解中达成统一，达到双赢的效果。例如上面所说的夫妻俩，如果能心平气和，有一方能让步一些，达成一致，都看足球或听音乐，双方会共同享受足球的刺激或音乐的美妙，在观看足球或欣赏音乐时使双方同时得到快乐，如果能达到这一点，不是更好吗？

总之，交际就是一种特殊的博弈。如果想让交际向健康方向发展，就必须以非对抗的方式，采取合作的态度，使交际呈“正和博弈”状态，从而收到良好的交际效果。

第二章

博弈心理学的七个模型

作为“理性人”，我们都希望实现利益的最大化，而这个目的不可避免地受到环境、制度和他人的制约，因此我们必须作出选择（也就是策略）。而我们策略的相互作用（这正是博弈研究的课题）又可能导致更多的、更高层次（群体、国家乃至人类）的问题的选择。对于这些问题，我们可能不会找到最佳答案，但是思考这些问题，无疑将大大提高我们的理解能力和决策能力。

囚徒困境，选择决定胜败

1950年，就职于兰德公司的梅里尔·弗勒德（Merrill Flood）和梅尔文·德雷希尔（Melvin Dresher）拟定出一种相关困境的理论，后来由顾问艾伯特·塔克（Albert Tucker）以囚徒方式阐述，并命名为“囚徒困境”。这也是关于博弈论流传最广的一个故事，在哲学、伦理学、社会学、政治学、经济学乃至生物学等学科中，获得了极为广泛的应用。

故事有很多版本，大意是这样的：

有一天，一位富翁在家中被杀，财物被盗。警方在此案的侦破过程中，抓到两个犯罪嫌疑人，并从他们的住处搜出被害人家中丢失的财物。但是，他们矢口否认曾杀过人，辩称是先发现富翁被杀，然后只是顺手牵羊偷了点儿东西。于是警方将两人隔离审讯。检察官说：“你的偷盗罪确凿，所以可以判你1年刑期。但是，我可以和你做个交易。如果你单独坦白杀人的罪行，我只判你3个月的监禁，但你的同伙要被判10年刑。如果你拒不坦白，而被同伙检举，那么你就将被判10年刑，他只判3个月的监禁。但是，如果你们两人都坦白交代，那么，你们都要被判5年刑。”

显然最好的策略是双方都抵赖，结果是大家都只被判1年。但是由于两人处于隔离的情况下无法串供。那么，囚徒到底应该选择哪一项策略，才能将自己个人的刑期缩至最短？两名囚徒由于隔绝监禁，并不知道对方的选择；而即使他们能交谈，还是未必能够尽信对方不会反水。就个人的理性选择而言，检举背叛对方所得刑期，总比沉默要来得低。试设想困境中两名理性囚徒会如何作出选择？

若对方沉默，背叛会让我获释，所以会选择背叛。

若对方背叛指控我，我也要指控对方才能得到较低的刑期，所以也是会选择背叛。

两人面对的情况一样，所以两人的理性思考都会得出相同的结论——选择背叛。背叛是两种策略之中的支配性策略。因此，这场博弈中唯一可能达到的平衡，就是双方参与者都背叛对方，结果两人同样服刑5年。

这样两人都选择坦白的策略以及因此被判5年的结局，被称为“纳什均衡”，也叫非合作均衡。从这里可以引出一个悖论：从利己的目的出发，结果却损人不利己。两个囚徒的命运就是如此。从这个意义上说，我们还可以悟出一条真理：合作是有利的“利己策略”。

但它必须符合以下黄金律：也就是我们常说的“己所不欲，勿施于人”，且前提是“人所不欲，勿施于我”。

现实中，无论是人类社会或大自然都可以找到类似囚徒困境的例子：

在政治学中，两国之间的军备竞赛可以用囚徒困境来描述。两国都可以声称有两种选择：增加军备（背叛）或是达成削减武器协议（合作）。两国都无法肯定对方会遵守协议，因此两国最终会倾向增加军备。似乎自相矛盾的是，虽然增加军备会是两国的“理性”行为，但结果却显得“非理性”（例如会对经济造成损害等）。这可视作遏制理论的推论，就是以强大的军事力量来遏制对方的进攻，以达到和平。

在经济学中，表现为关税战。两个国家，在关税上可以有两个选择：

提高关税，以保护自己的商品。（背叛）

与对方达成关税协定，降低关税以利各自商品流通。（合作）

当一国因某些因素不遵守关税协定，独自提高关税（背叛），另一国也会作出同样反应（亦背叛），这就引发了关税战，两国的商品失去了对方的市场，对本身经济也造成损害（共同背叛的结果），然后两国又重新达成关税协定（重复博弈的结果是将发现共同合作利益最大）。

在商业中，以广告战为例：两个公司互相竞争，它们的广告互相影响，即一个公司的广告若被顾客接受，则会夺取对方的部分收入。若两者同时期发出质量类似的广告，则收入增加很少，但成本增加；若不提高广告质量，生意又会被对方夺走。

这两个公司可以有两个选择：

互相达成协议，减少广告的开支。（合作）

增加广告开支，设法提升广告的质量，压倒对方。（背叛）

若两公司不信任对方，无法合作，背叛成为支配性策略时，两公司将陷入广告战，而广告成本的增加损害了两公司的收益，这就是陷入囚徒困境。在现实中，要两个互相竞争的公司达成合作协议是较为困难的，多数都会陷入囚徒困境中。

除了上述领域，在生活中，往往也有很多囚徒博弈的例子，有这样一个故事：

两个旅行者麦克和约翰从一个以出产瓷器的著名旅游胜地回来时，他们各买了一个瓷花瓶。提取行李时，发现花瓶被碰破了。他们向航空公司索赔。

航空公司估计花瓶的价格在80～90元，但不知道这两位旅客购买的准确价格。航空公司要求两位旅客在100元以内，自己写下花瓶价格。若两人写的相同，说明他们说了真话，就照他们写的数额赔偿；如果两人写得不一样，那就认定写得低的旅客讲的是真话，按这个低的价格赔偿，但是对讲真话的旅客奖励2元钱，对讲假话的旅客罚款2元。

如果两人都写100元，他们都会获得100元。但是，假定约翰写100元，麦克改写99元，则他会获得101元。约翰又想，若麦克写99元，他自己写98元，比写100元好，因为这样他获100元，而自己写100元当麦克写99元时自己却只获97元。而给定约翰写98元，麦克又会写97元……这样，最后落得两个人只写1元的境地。

双输，这就是囚徒困境带来的结果。

如果你有兴趣，还可以做一个实验：选定几个人，让他们都猜一个数字，必须是1或100之间的整数。条件是谁最接近所有实验者的所猜数字平均值的1/3，谁就可以得到100元。

这个时候，每一个人都会想：如果一开始其他人都是随机地选择数字，50就会是所有人的猜测。这个时候，猜50的1/3也就是大约17可能会赢。然而，每一个人都会猜到17这个数字的时候，大家就会猜测17的1/3，也就是6左右。依此类推，这个游戏中的每一个人最终猜测的结果是唯一最小的数字，那就是1。

可以看到，在“囚徒困境”中，每一方在选择策略时，都只是选择对自己最有利的策略，而并不顾及其他对手的利益和社会效益。表面上看，这种策略组合是由当事双方各自认为的最佳策略构成。实际上，双方都选择拒绝招供才是真正的最佳策略，因为这样才会使两个人都无罪释放，双方都获得最大利益。但是，没有人会主动改变自己的策略以便使自己获得最大利益，因为，这种改变会给自己带来不可预料的风险——万一对方没有改变策略呢?

这就是“囚徒困境”中的两难境地。

智猪博弈，行动之前开动脑筋

“智猪博弈”是博弈课程里面一个著名的模型。它是这样的：

假设猪圈里有一头大猪、一头小猪。猪圈的一头有猪食槽，另一头安装着控制猪食供应的按钮，按一下按钮会有一定单位的猪食进槽，两头隔得很远。假设两头猪都是理性的猪，也就是说，它们都有着认识和实现自身利益的猪。再假设猪每次按动按钮都会有10个单位的饲料进入猪槽，但是并不是白白得到饲料的，猪在按按钮以及跑到食槽要付出的劳动会消耗相当于2个单位饲料的能量。

还有就是当一头猪按了按钮之后，再跑回食槽的时候吃到的东西比另一头猪要少。也就是说，按按钮的猪不但要消耗2单位饲料的能量，还比等待的那个猪吃得少。

再来看具体的情况，如果大猪去按按钮，小猪等待，大猪能吃到6份饲料，小猪4份，那么大猪消耗掉2份，最后大猪和小猪的收益为4：4；如果小猪去按按钮，大猪等待，大猪能吃到9份饲料，小猪1份，那么小猪消耗掉2份，最后大猪和小猪的收益为9：-1；若两头猪同时跑向按钮，那么大猪可以吃到7份饲料，而小猪可以吃到3份饲料，最后大猪和小猪的收益为5：1；最后一种情况就是两头猪都不动，那他们当然都吃不到东西，两头猪的收益就为0。

我们可以看到，当采用大猪按按钮，小猪等待的策略时，这个时候，大猪和小猪的净收益都是4个单位的饲料。

而且我们还可以看到的一个奇怪现象就是，如果小猪主动劳动，那么小猪的收益居然是-1，对于小猪来说，这比都躺在那儿还要吃亏，当然小猪是不会干的。

那么就是说，如果是小猪按动按钮，则大猪会在小猪到达食槽前把食物全部吃光，如果是大猪按动按钮，则大猪到达食槽时只能和小猪抢食剩下的一些残羹冷炙。既然小猪劳动不得食，则小猪不会主动按钮，而大猪为了生存，尽管只能吃到一部分，还是会选择劳动（按钮）。那么，在两头猪都有智慧的前提下，最终结果是小猪选择等待，只要搭顺风车就可以了。

对于大猪来说，小猪有了这个选择，那么大猪就只有两种结果了，要么也不动，那么两头猪就等死了，要是自己去按按钮的话还有4份饲料可以吃。所以，对大猪来说，等待是一种劣势的策略。我们已经说过了，假设了大猪和小猪都是理性的智猪，那么当大猪知道小猪不会主动去按按钮的时候，它亲自去动手总比不动要强，因此他会为了自己的利益而主动地奔走于踏板和食槽之间。

不管大猪采取什么样的策略，对于小猪来说，劳动都是一个劣势策略，因此最开始就可以除掉这种可能。在剔除了小猪按按钮这种方案以后，大猪就只有两种方案可供选择。在这两种策略里面，等待是一种绝对的劣势策略，所以也被剔除掉。所以在剩下的策略里面就只剩下小猪等待、大猪按按钮这个可以供选择的策略了，这就是智猪博弈的最后均衡。

结论就是：对于小猪来说，如果不仔细思考就开始劳动的话，会得不到任何好处。所以，有时候慢一点反倒是好的。

有点不可思议的一个结论是吗？事实就是这样，再来看一个故事，是关于龟兔赛跑的，但不是你熟知的那个版本。

故事中的乌龟和兔子在森林里面比赛，规则是到达目的地，拿到比赛规定的东西就算赢了。但是规则中还有一个就是给定了两条相反的路线，随便凭自己的感觉来挑选一条，而且错误的那条路上有一条河，先到达河的会掉下去，就算输了。只要知道一个赢了或者是输了就不用比赛了。这个时候我们来看看乌龟究竟要不要拼尽全力去和兔子赛跑呢?

比赛规则知道了，那么兔子和乌龟就要开始思考了，它们的策略有哪些呢？一共就有四种选择，我们假设两个方向为A、B：

兔子和乌龟可以同时选择A方向；

兔子和乌龟可以同时选择B方向；

兔子选择A方向，乌龟选择B方向；

兔子选择B方向，乌龟选择A方向。

我们可以这样来看，兔子的速度肯定是比乌龟快的，这个不容置疑，还有就是这不是龟兔赛跑的故事，兔子是不会中途睡觉的，那么分析一下这几种方案。

如果假设A方向为正确方向，那么第一种方案乌龟是输定了，所以对乌龟来说这个方案是绝对的劣势，不管乌龟的速度怎么样，他都输了。

对第二种方案来说，乌龟会赢，因为兔子跑得快，那么兔子就会首先到达河边，这个时候兔子就输了，乌龟不管多慢都赢了。

还有就是如果乌龟选择了错误的方向，而兔子选择了正确的方向，那么乌龟没有胜算了，这个时候只要等到兔子胜利了，乌龟就不用比赛了。

如果乌龟选择了正确的方向，兔子选择了错误的方向，兔子就会很快地到达河边，当兔子掉下去之后兔子就输了。那不管乌龟的速度怎么样，乌龟都赢了。

我们来看刚才的四种方案，可以看到一种奇怪的理论，就是不管怎么样，乌龟都只要慢慢地爬行就可以了，对它来说速度再快也赶不上兔子，胜负只在选择的方向上，但是事先又不知道哪个方向的正确性，所以乌龟还是慢慢地爬最好了。总有兔子会在前面给自己探方向的。而兔子知道乌龟的这种想法之后怎么办呢，它没有选择，它要为自己的利益着想，它就只能为自己的胜负而快速奔跑。

这个故事和智猪博弈的结论异曲同工。小猪只需要舒舒服服躺着等待就行，乌龟只需要慢慢爬就可以。这个博弈理论挑战了我们的某些观念，也许你看这个结论的时候觉得不太能接受，但想想看，日常生活中从来都不乏这样的事情，而且，现实中的那些“小猪”还不如故事中的“小猪”。故事中的“小猪”之所以躺着不动是因为权衡利弊之后发现，它劳动的结果比不劳动更糟糕，而现实中的“小猪”不干活就没这么单纯而理性了。

比如，在我们的公司中，往往什么都缺，就是不缺人，所以每次不论多大的事情，加班的人总是越多越好。本来一个人就可以做完的事，总是会安排若干个人去做。这时，“三个和尚”的现象就出现了。

如果大家都耗在那里，谁也不动，结果是工作完不成，挨老板骂。这些常年在一起工作多年的战友们，对对方的行事规则都了如指掌。“大猪”知道“小猪”一直是过着不劳而获的生活，而“小猪”也知道“大猪”总是碍于面子或责任心使然，不会坐以待毙。

因此，其结果就是总会有一些“大猪们”过意不去，主动去完成任务。而“小猪们”则在一边逍遥自在，反正任务完成后，奖金一样拿。

斗鸡博弈，进与退的智慧

博弈论中有三大模型，一个为“囚徒困境”，一个为“智猪模型”，另一个就是“斗鸡模型”了。所谓斗鸡模型，是这样的：

某一天，在斗鸡场上有两只好战的公鸡发生遭遇战。这时，公鸡有两个行动选择：一是退下来，一是进攻。

如果一方退下来，而对方没有退下来，对方获得胜利，这只公鸡则很丢面子；如果对方也退下来，双方则打个平手；如果自己没退下来，而对方退下来，自己则胜利，对方则失败；如果两只公鸡都前进，那么则两败俱伤。

因此，对每只公鸡来说，最好的结果是对方退下来，而自己不退，但是此时面临着两败俱伤的结果。

不妨假设两只公鸡如果均选择“前进”，结果是两败俱伤，两者的收益是-2个单位，也就是损失为2个单位；如果一方“前进”，另外一方“后退”，前进的公鸡获得1个单位的收益，赢得了面子，而后退的公鸡获得-1的收益或损失1个单位，输掉了面子，但没有两者均“前进”受到的损失大；两者均“后退”，两者均输掉了面子获得-1的收益或1个单位的损失。当然这些数字只是相对的值。

如果博弈有唯一的纳什均衡点，那么这个博弈是可预测的，即这个纳什均衡点就是一事先知道的唯一的博弈结果。但是如果一博弈有两个或两个以上的纳什均衡点，则无法预测出一个结果来。斗鸡博弈则有两个纳什均衡：一方进另一方退。因此，我们无法预测斗鸡博弈的结果，即不能知道谁进谁退，谁输谁赢。

虽然我们无法预测谁输谁赢，但到最后的关键时刻，必有一方要退下来，除非真正抱定鱼死网破的决心。

斗鸡博弈在生活中比比皆是，不胜枚举。

“斗鸡博弈”是双方面对面争胜负。假设有两个人面对面过一座独木桥，这时必须有一个人先选择退让，两个人才能都过桥。但这两个人谁都不肯先让，于是“斗鸡博弈”就开始了。如果双方实力悬殊，一个弱不禁风，一个虎背熊腰，尽管弱者不情愿，但也会选择退让。如果两人实力相当，则可能有一方会拿出不要命的架势逼退对方。如果另一方根本就不买账，你不要命，我比你更不要命呢，则最后的结果是谁也过不了桥。

婚姻中的双方也会产生“斗鸡博弈”，使整个家庭战火纷纷，硝烟弥漫。一般来说，到关键时候，总有一方对于对方的唠叨、责骂装聋作哑，或者妻子干脆回娘家去冷却怒火，或者丈夫摔门而出找朋友去诉苦，一场干戈化为玉帛。夫妻在斗鸡时，一般是讲理者向不讲理者让步，如妻子是个泼妇，丈夫为了安宁只好忍让三分，或者丈夫是个酒鬼，妻子也只好忍气吞声。有时是弱者给强者让步，比如一方在家庭背景、社会地位、个人收入等方面明显逊于对方，自觉低人一等，作出让步。而大多情况则是丈夫给妻子让步。我们常说“退一步海阔天空”，是解决“斗鸡博弈”的良方，无论出于什么情况，对自己的另一半作出让步都是明智的选择，有话好好说才是最重要的，如果不停地斗下去，谁也不让谁，最后的结果只能是两败俱伤。

收债人与债务人之间的博弈也类似于斗鸡博弈：假如债权人A与债务人B双方实力相当，债权债务关系明确，B欠A100元，金额可协商，若合作达成妥协，A可获90元，减免B债务10元，B可获10元。

如一方强硬一方妥协，则强硬方收益为100元，而妥协方收益为0；如双方强硬，发生暴力冲突，A不但收不回债务还受伤，医疗费用损失100元，则A的收益为-200元，也就是不仅100元债收不回，反而倒贴100元，B则是损失了100元。

因此，A、B各有两种战略：妥协或强硬。每一方选择自己最优战略时都假定对方战略给定：若A妥协，则B强硬是最优战略；若B妥协，A强硬将获更大收益。于是双方都强硬，企图获100的收益，却不曾考虑这一行动会给自己和对方带来负效益100。

故这场博弈有两个纳什均衡，A收益为100元，B收益为0，或反之，这显然比不上集体理性下的收益支付，A、B皆妥协，收益支付分别为90元、10元。也就是债权人与债务人为追求利益最大化，会选择不合作，从某种意义上说双方陷入囚徒困境。

尽管在理论上有两个纳什均衡，但由于当今中国信用不健全（如欠债不还、履约率低、假冒伪劣盛行），法律环境对债务人有利，可想而知B会首先选择强硬。

因此，这是一个动态博弈，A在B选择强硬后，不会选择强硬，因为A采取强硬措施反而结局不好，故A只能选择妥协。而在双方强硬的情形下，B虽然收益为-100元，但B会预期，他选择强硬时A必会选择妥协，故B的理性战略是强硬。因此，这一博弈纳什均衡实际上为B强硬A妥协。

欠债还钱博弈是假定A、B实力相当，如实力相差悬殊，一般实力强者选择强硬。

斗鸡博弈进一步衍生为动态博弈，会形成这样一个拍卖模型。拍卖规则是：轮流出价，谁出的价最高，谁就将得到该物品，但是出价少的人不仅得不到该物品，并且要按他所叫的价付给拍卖方。

假定有两人竞价争夺价值100元的物品，只要双方开始叫价，在这个博弈中双方就进入了骑虎难下的状态。因为，每个人都这样想：如果我退出，我将失去我出的钱，若不退出，我将有可能得到这价值100元的物品。但是，随着出价的增加，他的损失也可能越大。每个人面临着是继续叫价还是退出的两难困境。

这个博弈实际上有一个纳什均衡：第一个出价人叫出100元的竞标价，另外一个人不出价（因为在对方叫出100元的价格后，他继续叫价将是不理性的），出价100元的参与人得到该物品。

在斗鸡博弈的模型中，描述的是两个强者在对抗冲突的时候，如何能让自己占据优势，力争得到最大收益，确保损失最小。斗鸡博弈中的参与者都是处于势均力敌、剑拔弩张的紧张局势。这就像武侠小说中描写的一样，两个武林顶尖高手在华山之上比拼内力，斗得是难分难解，一旦一方稍有分心，内力衰竭，就要被对方一举击溃。

但在现实中，两个产生冲突的对手之间未必会势均力敌。这种情况其实会更简单一些。

“敌进我退、敌退我进”“打得赢就打、打不赢就跑”。这是毛泽东总结出的游击战指导方针，这就是一种“斗鸡博弈”。敌退我不进，会坐失良机；敌进我不退，硬拼也不明智。打得赢不打，是怯懦；而打不赢还不跑，革命的本钱都会赔进去了。自己的行为取决于对方的行为，而且双方都是这样的选择。那么，最后的“纳什均衡”究竟会出现在哪一点？到底是谁进攻谁撤退呢？

所以，选择进攻还是后退，选择妥协还是强硬，是要根据自己的实力和当时的实际情况来判断的。

博傻理论，做聪明的投资者

著名的经济学家凯恩斯为了能够专注地从事学术研究，免受金钱的困扰，曾出外讲课以赚取课时费，但课时费的收入毕竟是有限的。于是他在1919年8月，借了几千英镑去做远期外汇这种投机生意。

仅仅4个月的时间，凯恩斯净赚1万多英镑，这相当于他讲课10年的收入。但3个月之后，凯恩斯把赚到的利润和借来的本金输了个精光。7个月后，凯恩斯又涉足棉花期货交易，又大获成功。

凯恩斯把期货品种几乎做了个遍，而且还涉足股票。到1937年他因病而“金盆洗手”的时候，已经积攒起一生享用不完的巨额财富。

与一般赌徒不同，作为经济学家的凯恩斯在这场投机的生意中，除了赚取可观的利润之外，最大也是最有益的收获是发现了“笨蛋理论”，也有人将其称为“博傻理论”。

什么是“博傻理论”呢？凯恩斯曾举过这样一个例子：

从100张照片中选出你认为最漂亮的脸，选中的有奖。但确定哪一张脸是最漂亮的脸是要由大家投票来决定的。

试想，如果是你，你会怎样投票呢？此时，因为有大家的参与，所以你的正确策略并不是选自己认为最漂亮的那张脸，而是猜多数人会选谁就投谁一票，哪怕丑得不堪入目。在这里，你的行为是建立在对大众心理猜测的基础上，而非你的真实想法。

凯恩斯说，专业投资大约可以比作报纸举办的比赛，这些比赛由读者从100张照片中选出6张最漂亮的面孔，谁的答案最接近全体读者作为一个整体得出的平均答案，谁就能获奖。因此，每个参加者必须挑选的并非他自己认为最漂亮的面孔，而是他认为最能吸引其他参加者注意力的面孔，这些其他参加者也正以同样的方式考虑这个问题。现在要选的不是根据个人最佳判断确定的真正最漂亮的面孔，甚至也不是一般人的意见认为的真正最漂亮的面孔，我们必须做出第三种选择，即运用我们的智慧预计一般人的意见，认为一般人的意见应该是什么……这与谁是最漂亮的女人无关，你关心的是怎样预测其他人认为谁最漂亮，又或是其他人认为其他人认为谁最漂亮……

“博傻理论”所要揭示的就是投机行为背后的动机，投机行为的关键是判断“有没有比自己更大的笨蛋”，只要自己不是最大的笨蛋，那么自己就一定是赢家，只是赢多赢少的问题。如果再没有一个愿意出更高价格的更大笨蛋来做你的“下家”，那么你就成了最大的笨蛋。可以这样说，任何一个投机者信奉的无非是“最大的笨蛋”理论。

生活中有许多例子与这个模型是相通的。比如“十佳运动员”的评选，在这些投票当中，对于每个投票者的激励是：他如果“正确地”选中某些人，不仅要选中10个人，而且顺序也要正确，那么投票者将获得某种奖励。但是如何才能选中“正确的”人选呢？有“正确的”人选吗？得票多的就是正确的吗？或者严格地说，得票最多的是第一名，得票次之的是第二名，等等。因此，投票者能够选中的话，或者说被他提名的能够“当选”的话，关键是猜测别人的想法，猜测对了你就能获胜；猜错了，你则不能获奖。在这里，我们可以看到没有正确与否，或者谁应该选上、谁不应该选上的问题，而是投票的人相互猜测的结果（当然，在这个过程中舆论的导向作用是很大的，它似乎告诉人们某某人是其他许多人所要选的）。

在期货与股票市场上，人们所遵循的也是这个策略。许多人在高价位买进股票，等行情上涨到有利可图时迅速卖出，这种操作策略通常被市场称之为傻瓜赢傻瓜，所以只能在股市处于上升行情中适用。从理论上讲，博傻也有其合理的一面，博傻策略是高价之上还有高价，低价之下还有低价，其游戏规则就像接力棒，只要不是接最后一棒都有利可图，做多者有利润可赚，做空者减少损失，只有接到最后一棒者倒霉。

人们之所以完全不管某个东西的真实价值，而愿意花高价购买，是因为他们预期有一个更大的笨蛋，会花更高的价格，从他们那儿把它买走。比如说，你不知道某个股票的真实价值，但为什么你会花20块钱去买一股呢？因为你预期当你抛出时会有人花更高的价钱来买它。

再比如说艺术品投资，你之所以完全不管某件艺术品的真实价值，即使它一文不值，也愿意花高价买下，是因为你预期会有更大的笨蛋花更高的价格从你手中买走它。而投资成功的关键就在于能否准确判断究竟有没有比自己更大的笨蛋出现。只要你不是最大的笨蛋，就仅仅是赚多赚少的问题。如果再也找不到愿意出更高价格的更大笨蛋从你手中买走这件艺术品的话，那么，很显然你就是最大的笨蛋了。

当然，肯定会有人成为最后的笨蛋。英国股票投机狂潮中就有这样一个插曲：一个无名氏创建了一家莫须有的公司。自始至终无人知道这是一家什么公司，但认购时近千名投资者争先恐后把大门挤倒。没有多少人相信他真正获利丰厚，而是预期有更大的笨蛋会出现，价格会上涨，自己能赚钱。饶有意味的是，牛顿参与了这场投机，并且最终成了最大的笨蛋。他因此感叹：“我能计算出天体运行，但人们的疯狂实在难以估计。”

有一天，有一个人去文物市场，有商人向他推销一个钱币，金黄色的，商人说这是金币，要卖100块钱。这个人一眼就看出来这是黄铜，最多只值1块钱。

于是这个人对商人说：1块钱的东西，100块钱我肯定不会买，但是我愿意以5块钱买下来。商人看他是识货的，不敢再骗人，最后以5块钱成交。

这个人的朋友知道了这件事，对他说：你真傻，明知道是1块钱的东西，你花5块钱买下来，那不是傻瓜吗？这个人说：是的，我很傻，但是，我知道有人比我更傻，我花5块钱买来的东西很快就有更傻的人以10块钱买走。

过了几天，果然这个人把这个“金币”以20元的价格卖了出去，净赚15元。

这个人的理论是：自己买贵了无所谓，只要找到一个比你更傻的人就成功了。就如同今天的房市和股市，如果是做头傻那是成功的，做二傻也可以，别成为最后的那个大傻子就行。

在这个世界上，傻不可怕，可怕的是做最后一个傻子。

猎鹿行动，合作创出奇迹

博弈论中有一个著名的“猎鹿模型”，讲述了两个猎人共同猎鹿的故事：

某一天他们狩猎的时候，看到一头梅花鹿。于是两人商量，只有两个人齐心协力，都去猎鹿时，才会得到那只鹿。如果猎鹿的时候一只兔子突然从其中一人身边经过，而这个人转而抓兔子，这人会得到兔子，但鹿就跑掉了。两人得到一只鹿的效用远比分别得到一只兔子大。

因此，我们可以看到一共有四种方案供选择，每一行都代表一种博弈的结果。具体说来：

X，X

X，0

0，X

1，1

1.第一行表示，猎人A和B都抓兔子，结果是猎人A和B都能吃饱4天；

2.第二行，猎人A抓兔子，猎人B打梅花鹿，结果是猎人A可以吃饱4天，B则一无所获；

3.第三行，猎人A打梅花鹿，猎人B抓兔子，结果是猎人A一无所获，猎人B可以吃饱4天；

4.第四行，猎人A和B合作抓捕梅花鹿，结果是两人平分猎物，都可以吃饱10天。

（1）如果双方都选择了猎鹿，效用为1，（猎鹿，猎鹿）具有帕累托最优（Pareto Optimality），为深入合作的最佳结果；

（2）如果双方都选择了猎兔，即双方没有合作，（猎兔，猎兔）称为风险上策（Risk dominant）均衡。

（3）如果一人选择了猎鹿，而对方选择了猎兔，即对方没有诚信，背叛了原来的协议，则选择猎鹿者将一无所获，选择猎兔者将保证得到一定效用X（0<X<1）。

我们可以看到，在这个博弈中，根据纳什的均衡原理，应用博弈论中的“严格劣势删除法”，可以得到两个比较好的结果，那就是：要么分别打兔子，每人吃饱4天；要么合作，每人吃饱10天。

当然人心是不一定的，最终会采取哪一种策略就不是纳什均衡能决定的了，比较［1，1］和［X，X］两个纳什均衡，明显的事实是，两人一起去猎梅花鹿比各自去抓兔子可以让每个人多吃6天。按照经济学的说法，合作猎鹿的纳什均衡，分头抓兔子的纳什均衡，具有帕累托优势。与［X，X］相比，［1，1］不仅有整体福利改进，而且每个人都得到福利改进。

我们采取一种更加常见的说法就是，［1，1］与［X，X］相比，其中一方收益增大，而其他各方的境况都不受损害。这就是［1，1］比［X，X］具有帕累托优势的含义。

或许上面比较专业的分析让你似懂非懂，但相信你也可以看得出来，两个猎人自己单独行动的话是最不利的，得到的结果只能让大家平均吃2天。那么我们从这里就得到这么一个原理，我们不要单独战斗，要学会与他人合作，许多任务不是一个人的力量足以应对的。

有两个饥饿的人得到了一位长者的恩赐：一根渔竿和一篓鲜活硕大的鱼。其中，一个人要了一篓鱼，另一个人要了一根渔竿，于是他们分道扬镳了。得到鱼的人原地就用干柴搭起篝火煮起了鱼，他狼吞虎咽，还没有品出鲜鱼的肉香，转瞬间，连鱼带汤就被他吃了个精光，不久，他便饿死在空空的鱼篓旁。另一个人则提着渔竿继续忍饥挨饿，一步步艰难地向海边走去，可当他已经看到不远处那片蔚蓝色的海洋时，他最后一点力气也使完了，他也只能眼巴巴地带着无尽的遗憾撒手人间。

另外有两个饥饿的人，他们同样得到了长者恩赐的一根渔竿和一篓鱼。只是他们并没有各奔东西，而是商定共同去找寻大海，他俩每次只煮一条鱼，他们经过遥远的跋涉来到了海边，从此，两人开始了捕鱼为生的日子。几年后，他们盖起了房子，有了各自的家庭、子女，有了自己建造的渔船，过上了幸福安康的生活。

每个人的才能、拥有的资源都是不同的，很多时候要一起走，以对方的优势补足自己的劣势，才能走到共同的目的地。

维勒和李比希都是19世纪德国杰出的化学家。他们两人的性格迥异，李比希激烈、爽朗、风风火火，像一团烈火；维勒平和、沉稳、文文静静，像一盆冷水。但两个人感情很好，亲密无间。他们密切配合，致力于科学研究，共同对无机化学、有机化学作出了贡献，同是有机化学的创始者。

李比希在自传中写道："我的最好运气，就是有位志同道合的朋友。多年来我和这位朋友真诚合作，毫无隔阂……手携手地向前，这一位行动时，那一位已经准备好。"

由于两人的真诚合作，因此，才创造出科学研究上的辉煌。

这个道理再简单不过，连鸟类都知道。鸟类迁徙的时候，总是成群地南飞。据说，借着"V"字队形，整个鸟群比每只鸟单飞时，至少增加了71%的飞升能力。它们拥有共同目标和集体感，它们凭借着彼此的帮助共同前行，它们在一起可以更快、更容易地到达他们想去的地方。

可是，悲哀之处在于，动物能做到的事情，人类往往做不到。因为我们每个人都有独立意志，都有自己的想法，所以就很可能出现这种"劲不往一处使"的现象。大家不能齐心协力，其结果当然是可想而知了。所以，每个人都要提醒自己，为了彼此的利益，大家都要精诚合作，才能达到共同的目标。

自人类进入工业时代，分工更加明确，合作也提上了日程，而且变得更重要。不管是在工作中，还是在生活上，人与人之间都需要合作。不会合作的人，运气和成功难以降临；而一个有效利用合作的人，成功喜欢和他们做伴。

信息博弈，比的就是信息

据说，美军在1910年一次部队的命令传递中闹了很大的笑话。

营长对值班军官说："明晚大约八点钟左右，哈雷彗星将可能在这个地区看到，这颗彗星每隔76年才能看见一次。命令所有士兵着野战服在操场上集合，我将向他们解释这一罕见的现象；如果下雨的话，就在礼堂集合，我为他们放一部有关彗星的影片。"

值班军官对连长说："根据营长的命令，明晚八点哈雷彗星将在操场上空出现。如果下雨的话，就让士兵穿着野战服列队前往礼堂，这一罕见的现象将在那里出现。"

连长对排长说："根据营长的命令，明晚八点，非凡的哈雷彗星将身穿野战服在礼堂中出现。如果操场上下雨，营长将下达另一个命令，这种命令每隔76年才会出现一次。"

排长对班长说："明晚八点，营长将带着哈雷彗星在礼堂中出现，这是每隔76年才有的事。如果下雨的话，营长将命令彗星穿上野战服到操场上去。"

班长对士兵说："在明晚八点下雨的时候，著名的76岁的哈雷将军将在营长的陪同下身着野战服，开着他那辆彗星牌汽车，经过操场前往礼堂。"

这是一个很好笑的笑话，信息在传递的过程中，从上到下不断发生变化，最后传到底层士兵耳朵里的，是令人啼笑皆非的信息。我们假想一下，如果军队在打仗过程中，要传递的是一个战略性信息的话，出了错误会有怎样的结果呢？我们来看一个历史上真实发生的故事：

1930年4月，山西军阀阎锡山与冯玉祥结成反蒋联盟，发动了讨伐蒋介石的中原大战。当时，联席会议决定，阎、冯各派一支部队，在河南省的沁阳县会师，然后一举聚歼驻在河南的蒋介石军队。于是，冯玉祥的参谋很快拟写了一份命令，但命令中误把“沁阳”写成了“泌阳”，一笔之差，铸成大错。沁阳在河南北部，离黄河岸约70公里，北靠山西，对阎军来说十分有利，进可攻，退可守。而泌阳在河南南部，距沁阳有几百公里。到会师那天，阎锡山的部队在沁阳看不见冯玉祥部队的影子，知道情况不妙，立即打电报询问，这才发现冯军走错了地方。等到冯军挥师北上，已贻误聚歼蒋介石的战机，阎、冯联军陷入了被动，导致了联合作战的失败。

这些故事都告诉我们：信息的准确传递，是多么重要的一件事情。如果能把信息准确快速地传递出去，就可能为自己赢得成功的机会；反之，如果传递的是错误信息，就会导致失败。

有一个大家所熟悉的传话游戏：大家坐成一圈，一个人向旁边的人耳语，再依序传话给下一个人，等到绕了一圈回来，原来的意思已经被传到完全走样、认不出来了。

由此你该知道，你所听到的别人告诉你的话，未必就是事情原来的样子。也许大家都不是故意的，但结果就是这个样子。要想将信息准确无误地传递下去，对许多管理者来说都是一个难题。

对于他们来说，要将一种管理信念、管理理念或管理制度推行下去，要将一种技巧或方法传递下去，首先要解决的就是准确传递，不要让其出现传递的消减、误差或变形。

如何解决？他们需要掌握传递的技巧，通过交流、说明，加上实战中检验、复查或纠错等都是非常必要的。第一关就是部署时要将要领交代清楚，不然你会发现不如亲身实践了，因为走样了。清晰地表述、清楚地表达，确实需要平时工作的细心和认真。道理虽简单，操作起来确实需要因管理对象的不同而有所调整，即要有个性化的定制能力。

协和谬误，该放弃就放弃

博弈论专家经常将“骑虎难下”的博弈称为协和谬误。

20世纪60年代，英国和法国政府联合投资开发大型超音速客机，即协和飞机。开发一种新型商用飞机简直可以说是一场豪赌。单是设计一个新引擎的成本就可能高达数亿美元。想开发更新更好的飞机，实际上等于把公司作为赌注押上去。难怪政府会被牵涉进去，竭力要为本国企业谋求更大的市场。

该种飞机机身大、设计豪华并且速度快。但是，英法政府发现：继续投资开发这样的机型，花费会急剧增加，但这样的设计定位能否适应市场还不知道；而停止研制将使以前的投资付诸东流。随着研制工作的深入，他们更是无法作出停止研制工作的决定。协和飞机最终研制成功，但因飞机的缺陷（如耗油大、噪音大、污染严重，等等），成本太高，不适合市场竞争，最终被市场淘汰，英法政府为此蒙受很大的损失。在这个研制过程中，如果英法政府能及早放弃飞机的开发工作，会使损失减少，但他们没能做到。

后来，英国和法国航空公司宣布协和飞机退出民航市场，才算是从这个无底洞中脱身。这也是“壮士断腕”的无奈之举。

人们往往会陷入这样的误区：“一项工作的成本越高，对它的后续投入就越多。人们在决定是否继续做一件事情的时候，不仅是看它对自己有没有好处，而且也过于在意自己是不是已经在这件事情上面有过投入。”

假设你是一家医药公司的总裁，正在进行一个新的止痛药开发项目。据你所知，另外一家医药公司已经开发出了类似的止痛药。通过那家公司止痛药在市场上的销售情况可以预计，如果继续进行这个项目，公司有将近90%的可能性损失500万元，有将近10%的可能性盈利2 500万元。到目前为止，项目刚刚启动，还没花费什么钱。从现阶段到产品真正研制成功能够投放市场还需耗资50万元。你会把这个项目坚持下去还是现在放弃?

10%的可能性会盈利2 500万元，90%的可能会损失500万元，而且该项目还没有任何投资。正常人会选择放弃。

让我们再来看下面这道题：你同样是这家医药公司的总裁，对于这个新的止痛药开发项目，你们已经投入了500万元，只要再投50万元，产品就可以研制成功、正式上市了。成败的概率与上述案例相同，你会把这个项目坚持下去还是放弃?

除了你已经投入500万元之外，第二个问题与前一个问题是完全一样的。既然已经懂得了沉没成本误区，你对以上的两道题应该会作出一致的决定。

但是把这两道题分别给老板们做，那些企业老总们绝大多数对第2题的回答是“坚持继续投资”。他们认为已经投了500万元，再怎么样也要继续试试看，说不定运气好可以收回这个成本。殊不知，为了这已经沉没的500万元，他们将有90%的可能非但收不回原有投资，还会再赔上500万元。

所以在投资时应该注意：如果发现是一项错误的投资，就应该立刻悬崖勒马，尽早回头，切不可因为顾及沉没成本，患得患失错上加错。

在经济学和商业决策制定过程中会用到“沉没成本”（sunk cost）的概念，代指已经付出且不可收回的成本。沉没成本常用来和可变成本作比较，可变成本可以被改变，而沉没成本则不能被改变。在微观经济学理论中，做决策时仅需要考虑可变成本。如果同时考虑到沉没成本（这被微观经济学理论认为是错误的），那结论就不是纯粹基于事物的价值做出的。

举例来说，如果你预订了一张电影票，已经付了票款且假设不能退票。此时你付的价钱已经不能收回，就算你不看电影，钱也收不回来，电影票的价钱算作你的沉没成本。

大多数经济学家们认为，如果你是理性的，那就不该在做决策时考虑沉没成本。比如在前面提到的看电影的例子中，会有两种可能结果：

付钱后发觉电影不好看，但忍受着看完；

付钱后发觉电影不好看，退场去做别的事情。

两种情况下你都已经付钱，所以不应该考虑这件事情。如果你后悔买票了，那么你当前的决定应该是基于你是否想继续看这部电影，而不是你为这部电影付了多少钱。此时的决定不应该考虑买票的事，而应该以看免费电影的心态来做判断。经济学家们往往建议选择后者，这样你只是花了点冤枉钱，而选择前者你还要继续受冤枉罪。

很多人对“浪费”资源很担忧，被称为“损失憎恶”。比如说很多人会强迫自己看一场根本不想看的电影，因为他们怕浪费了买票的钱。这有时被叫作“沉没成本谬误”。经济学家们会称这些人的行为“不理智”，因为类似行为低效，基于毫不相关的信息做出决定，错误地分配了资源。

一旦我们遇到骑虎难下的情况，首先要考虑的是及早收手、及时止损，我们必须尽早退出游戏，否则损失将会越来越惨重！

第三章

从此不被人操纵
——人际交往中的心理博弈

人与人的交往，实际上就是心与心的博弈。在人际交往中，洗脑与反洗脑、操纵与反操纵无处不在，我们只有站在博弈层的最高点，才能察觉到他人对我们的心理操纵，用最有效的策略反客为主、克敌制胜。

交往中的心理博弈

俗话说："知人知面难知心，画龙画虎难画骨。"每个人的心理都是很难揣测的，因为人的大脑一天至少有5万个想法。尤其是在关系复杂的社会网中，每个人都有自己为人处世的方法，都有自己的心理表征，面对每一件事，都要经过一番心理斗争，而社会的种种现象正是发生矛盾的双方心理博弈的结果。那么，在人际交往的心理博弈中我们该如何选择呢？可以先看下面一个有趣的博弈游戏：

假设每一个学生都拥有属于自己的一家企业，现在他必须自己作出选择。选择一：生产高质量的商品来帮助维持现在较高的价格；选择二：生产伪劣商品来通过别人的所失换取自己的所得。每个学生将根据自己的意愿进行选择，选择一的学生，将把自己的收入分给每个学生。

事实上，这是一个事先设计好的博弈，目的是确保每个选择二的学生总比选择一的学生多得50美元，这个设定当然是有现实意义的，因为生产伪劣商品成本比生产高质量商品的成本低。不过，选择二的人越多，他们的总收益也就会越少，这个假设也是有道理的：伪劣商品过多，会造成市场的混乱，他们的企业也就会跟着受到影响，信誉跟着降低。

现在，假设全班27名学生都打算选择一，那么他们各自将得到108美元。假设有一个人打算偷偷地改变决定——选择二，那么，选择一的学生就少了1名，变为26名，他们将各得104美元，比之前少了4美元，但那个改变自己主意的学生就会得到154美元，比原来要多出46美元。

不管最初选择一的学生人数有多少，结果都是一样的。很显然，选择二是一个优势策略。每个改选二的学生都将会多得46美元，而同时会使除自己以外的同学分别少得4美元，结果全班的收入会少58美元。等到全班学生一致选择二，想尽可能使自己的收益达到最大时，他们将各得50美元。反过来讲，如果他们联合起来，也就是协同行动，不惜将个人的收益减至最小，那么，他们将各得108美元。

但博弈的结果却十分糟糕。在演练这个博弈的过程中，由起初不允许集体讨论，到后来允许讨论，但在这个过程中愿意合作而选择一的学生从3人到14人不等。在最后的一次带有协议的博弈里，选择一的学生人数为4人，全体学生的总收益是1 582美元，比全班学生成功合作可以得到的收益少了1 334美元。一个学生嘟囔道："我这辈子再也不会相信任何人了。"

而事实上，在这个博弈游戏里，无论如何选择，都不会有最优的情况出现，类似于囚徒困境。即使达成合谋，由于人的心理太过复杂，结果也不是预期的那样子。所以，在这样复杂的心理博弈中，我们不能苛求获得一个最好的结果，因为人心各异，最好的结果根本就不存在。在生活中遇到类似上述游戏的博弈情况时该如何选择呢？那就是保证一点——不要太贪婪，只要有利益就可以，不要妄求太多的利益或获得比别人更多的利益。

长点心眼，别被对方操纵

人是形形色色的，有刚直的人，有卑鄙的人，有勇悍的人，有懦弱的人，有豪爽的人，有小心眼的人，有木讷的人，有果断的人，有诚实的人，有狡诈的人……面对形形色色的人，你只有用“心”审视他，详察他，明辨他，而后慎用他，才能在人际交往中始终立于不败之地。

生活中的小人，就是采取各种欺骗方法，迷惑你，使你落入他的陷阱，达到自己的企图。他们就在你的周围，他们看到你直上青云就会逢迎拍马，专捡好听的话说；他们看到你事事顺心进展神速，就在背后造谣生事，向上层人物进谗言，陷你于不利；欺骗、谎言、圈套在他们头脑中酝酿成阴谋，套在你身上，使你翻身落马；他们看到你堕入困境则幸灾乐祸趁火打劫。

口中有蜜，腹中有剑。这种人当面对你很好，背后对你下毒手。对于这样的小人，要特别警惕他的甜言蜜语，看透背后的小人之心，这样就不至于懵懂无知地上了小人的当。但是历史上因为一时疏忽上了小人圈套的例子，举不胜举。

有朝一日，你身边的小人突然对你甜言蜜语，关心你、赞美你、器重你，而你却丝毫没有戒心，还沾沾自喜，妄想要托“小人的福”，那就糟糕了。如果真被卖了，除了怪罪自己“有眼无珠”之外，还能怪谁？

唐朝李林甫，在玄宗朝位居宰相19年。他是一个无德无才，惯于使用阴谋手段、排斥和打击不附和自己的人。元年间，李林甫的政敌严挺之被贬为绛州刺史。到了天宝初年，唐玄宗想起他，便问李林甫说：“严挺之现在人在哪里？这个人其实还蛮有才华的。”

林甫退朝之后，便找到严挺之的弟弟严损之，惺惺作态地和他聊起了友情，说什么他对严家兄弟一向极为尊重，对昔日友情也相当珍惜，此之间有什么芥蒂，都是有人存心在挑拨，其实不过是误会一场，听得严损之感动得差点掉下眼泪。

最后说到情深义重之处，李林甫不仅以一副神秘兮兮的模样偷偷告挺之的弟弟，皇帝准备重新重用严挺之，而且还靠近严损之的耳朵，告诉他应对的窍门：“虽然皇帝把绛州看得相当重要，不过，依我的看法，挺之应该找个借口，主动辞掉绛州刺史的职务，回到京师来，等见到皇上后一定会受到重用。”

被李林甫如假包换的一片“情义”感动得一塌糊涂的严损之，将这番话迅速地转告了严挺之。没多久，严挺之果然以有病在身为由请求玄宗回到京师来治病。李林甫好不容易等到这一刻，于是便向皇上说：“严挺之告诉我说，他年事已高，体弱多病，想找一个闲差使，保养身体。”

唐玄宗听后，大大地叹息了一番，便真的找了一个什么“员外詹事”的闲官给严挺之做。

严挺之听到这个消息后，气得大病缠身，不久就一命归西了。

严挺之的失败就在于他明明知道李林甫的为人，但对于他的反常举动却不加思考，结果落入其设计好的圈套。

假如，和我们交往的是位品德高尚、见义勇为、助人为乐的人，即使其外表并不英俊潇洒，我们也会与之和谐相处。但假如我们见到的是一个虚伪而自私的人，尽管此人仪表堂堂，举止文雅，我们只会觉得他道貌岸然、虚伪狡猾。

由此可见，人的本质平时都隐藏着，看不见又摸不着。你必须看到他的行为，又要猜测他的意图，才能了解他的心；必须既看到他的外表，又要看到他的内心，才能吃透他的本意。

因为在我们的周围，有些人表面看似和蔼可亲，内心却是阴险狡诈，他们对人极尽夸赞逢迎之能，暗地里却要手段，要么伺机暗算，要么落井下石。当你直上青云、春风得意的时候，那些逢迎拍马者会谄媚攀附；而当看到你堕入困境时，他们就幸灾乐祸、趁火打劫。

理性思考，透过现象看本质

看到一个现象，不能不经思考就全盘接收，还必须考虑到其中的原因或是背景。看到人的表面就相信他，或是看到事情的表面就骤下结论，这些都是太过单纯、头脑简单的人所为。应该及早脱离这种直线式的思考，懂得如何看透现象的里层，看见一个人深层次的东西。

识别人的难处，不在于识别贤和不肖，而在于识别虚伪和诚实。这是因为人们的内心和他们的面貌一样，存在千差万别。人的内心比险峻的高山和深邃的江河还危险，人的思想比天还难以捉摸。人们不常这样说吗？真正的聪明人看起来都像是愚笨的样子，这样做的目的是为了麻痹他人。

所以，看人务必看透他行为表面所掩盖的深层次的东西，只有这样，为人处世才能无往不利。

春秋时期，晋国大夫伯宗，有一天上完早朝之后，踩着轻快的脚步，一路上哼着歌回到家里。他老婆眼看丈夫喜形于色，便问他说："什么事让你心情这么好？"

伯宗说："今天我在朝上发表了一些议论，结果博得满堂彩，大家都称赞我的智慧与谋略不在前朝太傅阳处父之下。"

妻子听完，脸色一沉，说："唉，阳处父这个人虚有其表，就靠一张嘴，学问不怎样，却喜欢表现，难怪后来会被刺杀。我不明白，人家说你像他，有什么值得高兴的呢？"

被自家老婆浇了一盆冷水的伯宗，当然不承认自己虚有其表，就又急着补充当时的详细情形，而且说得口沫横飞，生怕漏掉任何一个足以证明自己光彩的细节。

他老婆听得有些不耐烦了，干脆直接对他说："朝臣之间各怀鬼胎，因此，你不要对别人的称赞太过认真。何况，现在的朝政混乱，老百姓的不满已经积蓄很久了，你出了那么多馊主意，一定会惹祸上身。依我看，现在最要紧的事，莫过于为咱们家儿子安排好必要的侍卫，以保障他的生命安全。”

后来，伯宗果然在政界斗争中被其他大臣围攻，儿子则在卫士毕阳的护卫之下逃到楚国避难。

齐国攻打宋国，宋王派臧子芷向南求救于楚国。楚王很高兴，答应得也很痛快。然而，臧子却很忧虑地回去了。他的车夫问：“您求救成功了，怎么还面有忧色？”臧子说：“宋是小国而齐是大国。为救一个小国而得罪一个大国，这是人们所不愿的。然而，楚国却很高兴地答应了。这不合情理，他们一定是想以此坚定我们的信心，让我们同齐国抵抗，以此削弱齐国，这样做对楚国有好处。”

隔了几日臧子回国后，齐国攻占了宋的五座城池，而楚国的援兵果然没有到。

生活中我们也要用理性的思维去思考问题，不要仅仅从人的表面态度来考虑事情，而要从多个角度去看清人的本质。这样才会使我们的判断准确。

识破人心，一开始就留下好印象

人生是由无数个“第一次”组成的。在生活和工作中，由于各种各样的机会和需要，我们必须和陌生人说话。有些人十分善于与他人交谈，即使对方是初次见面或不善言辞的人，他们也能和其聊得十分愉快，这是因为他们对于身边的事物和谈话对象仔细观察，由此决定自己的说话策略。

人与人的交往是很奇妙的。从未见过面的人一见面有可能一见钟情，也有可能彼此都很反感。

对方喜欢你，可能是因为你留给他的第一印象很好；对方讨厌你，可能是你留给他的第一印象太糟。

这就是所谓的首因效应。首因效应，也叫作“第一印象效应”，是指最初接触到的信息所形成的印象对我们以后的行为活动和评价的影响。人们会自觉地依据第一印象去评价某人或某物，今后与人、物打交道的过程中的印象都被用来验证第一印象。第一印象既可助某人或某事成功，也可令某人某事失败。

我们都知道：

悬疑小说家喜欢在小说的开头，设置诸多的悬念，安排离奇的情节。

电影导演喜欢在影片开头时运用特技，呈现人间罕见的奇观。

推销员喜欢把名片弄得花里胡哨，甚至印上本人的彩色相片。

仔细想想，他们都是吸引他人注意力的专家。他们这样做，就是为了利用首因效应，通过制造一个良好的第一印象，在第一时间打动顾客的心，让顾客心甘情愿地买单。

小说一开头就很吸引人，读者会认为，这个故事很精彩，值得买回家阅读。

影片一开头就运用特技，观众会想，大制作果真不同凡响，值得掏钱进电影院观看。

推销员一见面就拿出有特色的名片，顾客会想，这个推销员与众不同，不妨与其聊聊。

如果一部小说或影片，内容原本很好，却以平淡无奇的方式开头；如果一名推销员，一开头就给人以老套的感觉，结果会怎样？不用说，结果通常会比较糟糕：小说卖不掉；影片不吸引人，开演不久就走掉一批观众；推销员还没来得及介绍产品，就已经被人拒之门外。

在现实生活中，自觉地利用首因效应可以帮助我们顺利地进行人际交往。

一生中，我们会遇到很多重要的第一次，也就会有很多需要重视的第一印象。比如，求职，第一次去见面试官；求人办事，第一次登门拜访；参加工作，第一次见单位同事；找对象，第一次与对方约会，这些第一次都很重要。从小的方面来看，关系到求职能否成功、事情能否办成；从大的方面来看，关系到事业能否如愿，婚姻能否美满。

因此，在现实交往中，要力争给对方留下好的第一印象。

如何才能给对方留下良好的第一印象呢？

第一印象主要是一个人的性别、年龄、衣着、姿势、面部表情等“外部特征”。一般情况下，一个人的体态、姿势、谈吐、衣着打扮等都在一定程度上反映出这个人的内在素养和其他个性特征。

为此，与人初次见面，应对自己的一举一动、一颦一笑多加注意。

初次相见时给人留下的第一印象是非常重要的。那么在与人交往的过程中应该注意哪些问题呢?

第一，表现自己的诚实。在生活中，每个人都希望在交友时遇到的人是诚实可信的。但是，由于世界上存在着虚伪和狡诈，使不少人产生了“防人之心不可无”的戒备心理。这样，往往有的人满怀斗志真诚，却不能被他人理解和认同。

要表现自己的诚实并不是制造一些假象欺骗他人，而是使用一些方法和技巧使自己本身固有的诚实之心更容易得到他人的承认和理解。在与陌生人的交往中，敢于承认自己的无知和缺点，往往能给对方留下很深的印象，增加对方的信任。

第二，注意自己的形象。应注意自己的外貌和举止。外貌包括衣着、发型等。一个成功的社交者，其衣着应符合自己的身份，并要根据自己的年龄、身份决定服装的样式与色彩，做到贴身、整洁、美观、大方。发型则要考虑自己的脸型、职业及时令，以自然端庄取胜。在交际中，优雅的举止是社交的润滑剂，能起到推进交际进行的作用。举止不当，是缺乏修养没有风度的流露，会损害自身的形象，引起对方的不快，不利于社交的进行。

第三，言语也是很重要的，我们要讲好第一句话。初次见面的第一句话，是留给对方的第一印象。说好说坏，关系重大。第一句话的原则是亲热、贴心，消除陌生感。常见的有以下几种方式:

1.攀认式

利用相互之间的一些联系，增加亲近感。任何两个人，只要留意就能发现双方有着这样那样的联系。

2.敬慕式

对初次见面者表示敬重、仰慕，这是热情有礼的表现。用这种必须注意：要掌握分寸，恰到好处，不能胡吹乱捧，不说久闻大名、如雷贯耳之类的过头话。表示敬慕的内容也应该因时因地而异。

3.问候式

“您好”是向对方问候致意的常用语。如能因为对象、时间的不同而使用不同的问候语，效果则更好。对于德高望重的长者，应该说“您老好”。对于年龄跟自己相仿者，称“老×（姓），您好”，显得亲切。

良好的第一印象，会让你的生活充满欢乐，让你做事充满信心。我们要塑造好的第一印象，就要从我们的衣着打扮，从言谈举止上面下功夫。

有始有终，最后时刻挽回局面

谁都知道，一件事情，总是可以分为不同的阶段：初段——发生，中段——发展，最后——结尾。通常我们对最初阶段和最后阶段的印象最深。但是人们往往虎头蛇尾，只重视“首因效应”，忽视“结尾效应”。在学习与人际交往中，“结尾效应”与“首因效应”同样重要。

日本有一位很知名的政客，他有一个习惯，如果接受了某团体的请愿，便不会送客；但如果不接受，就会客客气气地把客人送到门口，而且一一握手道别。

他这样做的目的是什么呢？是为了让那些没有达到目的的人不埋怨他。结果也如他所愿，那些请愿未得到接受的人，不但没有埋怨，反而会因受到他的礼遇而满怀感激地离去。

从心理学角度来讲，他的做法很有道理，他运用的是“结尾效应”。

因为一连串的事件的不同阶段，被接受的印象很有差异，最初和最后印象深刻，这就是所谓的“首因效应”与“结尾效应”。

绝大多数人都知道首因效应。知道与人初次见面时，第一印象很重要。因此，如果是找工作去面试，我们会理发、整装、化妆，以求给人留下良好的第一印象；如果是第一次与某人见面，我们通常会面带微笑，彬彬有礼，让彼此的关系有一个好的开始。

“结尾效应”是指交往中最后一次见面或最后一瞬给人留下的印象，这个印象在对方的脑海中也会存留很长时间，不但鲜明，且能左右整体印象。

如果你在与人初会的过程中，犯下了某种错误，或是表现平平的话，可以在分手之前，做一个良好的表现，以改变对方对你原来的印象。只要你的表现得体，不管原先的表现如何，都可以获得补救，甚至留下永生难忘的印象。

日本政客所擅长的，便是这种高明的心理操纵术。他送客，就是要让客人忘掉原来的失望，转而觉得荣幸。

然而，由于人们对“结尾效应”缺乏认识，或者不够重视，导致事情虎头蛇尾、功亏一篑的事例不胜枚举。

某公司的一位业务主管，负责某类产品的配件加工业务。一次，他代表公司前往某大公司洽谈一笔大的外包业务。对公司而言，该业务很重要。因为大企业的外包业务量大且稳定，也就是说，如果能拿下这笔业务，公司可以获得一笔很大很稳定的收入。

为此，这位主管投入了大量的时间与精力用于前期准备。

也许是准备工作做得很周到，双方刚刚接触，对方就表示了明显的好感。有了好的开头，洽谈工作进展也很顺利，最后一天，还留有一些细节问题需要进一步协商。结果，仅用了半天时间，便协商好了。

对方要求再给几天时间，以向上级汇报，再做最后决定。主管认为，可能是大企业惯例比较严密，就没有多想。

但是，两三天过去了，一周过去了，对方还没有动静。主管实在忍不住，打电话询问对方的一名代表，对方代表告诉他，事情可能有变故。他请求对方解释一下原因，对方拒绝了，可他不甘心，当他第三次打电话过去，对方告诉他，问题出在最后那天他穿的那件西装上。

原来，他那天穿的西服的袖口，少了一颗纽扣。要知道，对方外包的可不是别的，而是精密仪器的零配件！

也许，最后一天洽谈，他太过兴奋而忘了仔细检查自己的衣着；也许是潜意识里，他认为大局已定，不需要再小心翼翼。

总之，最后一天，一个小小的疏忽让他失去了一大笔订单，也许还有更多。

这似乎应验了人们常说的那句话："好头不如好尾"。与人打交道，我们不仅要在最初表现很好，最后阶段也要表现好，分手时更要特别注意，做到有始有终。

此外，如果给对方的第一印象不够好，或者在双方的交往中曾遇到了不快，更应该巧妙地运用"结尾效应"，在最后时刻，挽回局面，达成谅解，给对方留下好印象。

六招让对方心甘情愿听你的

1.从高到低

在向别人提出自己的真正要求之前，先向别人提出一个大要求，待别人拒绝之后，再提出自己真正的比较小的要求来，别人答应自己要求的可能性就会增大。

妻子在逛商场的时候，看到了一件标价800元的裙子很漂亮，想让老公给自己买，但是考虑到老公可能不同意，于是，就回家对他说："老公，我们好久没出去旅游了，最近好烦啊，不如我们去欧洲玩一趟吧，希腊、巴黎、伦敦……”

妻子看到丈夫面有难色——装作没听见般地继续看报纸（意料之中），故作生气地说：“那要不，就给我买条裙子吧。”

于是，那件早就看中的裙子被买回来了。

这种本想要让人答应自己的小要求，却先提出大要求的心理现象，就是利用了人的对比心。最初给出的是一个非常苛刻的要求，然后又提出了一个妥协的要求，即使这个要求也有些苛刻，但是对方会认为这是一个能被接受的要求。丈夫觉得与其欧洲游，还不如买条裙子吧，就是这种心理。

小王想向一个朋友借钱，想要借1万块，却狮子大开口说，需要借10万块钱。大多数情况下，朋友会面露难色，借口自己这段时间也不方便、不宽裕，一时拿不出这么多来，接着小王就利用他的比较心，开口说：“哪怕1万块也好呀。”

此时，在朋友心中，已经有了比较，从10万块下降到1万块，感觉上好多了，貌似自己占了便宜，而且已经拒绝了10万块的要求，心里有了一定的内疚感，如果 1 万块都不借，也太说不过去了。于是小王1万块的预期目标实现了。

2.得寸进尺

得寸进尺，是说一个人一旦接受了一个小要求后，如果在此基础上再提出一个更高一点儿的要求，那么这个人就倾向于接受这个更高的要求。这样依次地对他逐步提高要求，可以有效地达到预期的目的。

美国社会心理学家弗里德曼与弗雷瑟做过这样一个实验：他

们让自己的助手到两个普通的居民小区劝说人们在房前竖一块写有“小心驾驶”的大字标语木牌。

在第一个居民区，他们直接向人们提出这个要求，结果遭到很多居民的拒绝，接受的人仅仅只有17%。

而在第二个居民区，他们先请求众居民在一份赞成安全行驶的请愿书上签字，这是很容易做到的小小要求，几乎所有的被要求者都照办了。他们在几周后再向这些居民提出在自家房前竖立“小心驾驶”标语木牌的有关要求，这次的接受者竟占被要求者的55%。

为什么同样都是竖牌的要求，却会有如此截然不同的结果呢？

这是因为当你对别人提出一个貌似“微不足道”的要求时，对方往往很难拒绝，否则，似乎显得“不近人情”。而一旦接受了这个要求，就仿佛跨进了一道心理上的门槛，很难有抽身后退的可能。当再次向他们提出一个更高的要求时，这个要求就和前一个要求有了继承关系，让这些人容易顺理成章地接受。这种情况下，比乍一上来就提出比较高的要求，要更容易接受。

有的孩子向妈妈要求，可不可以吃颗糖果？当妈妈答应她的时候，她可能会提出进一步的要求，那可不可以喝一小杯果汁呢？妈妈经常是会答应的。

有些时候，当我们要提出一个比较大的要求时，可以不直接提出，因为这个时候很容易被拒绝。我们可以先提出一个较小的要求，一旦被答应，再提出那个较大的要求，会有更大的被接受的可能。

3.欲望刺激

无论是伟大领袖，还是圣贤哲士、凡夫俗子，每个人都有弱点，这些弱点都可以被人巧加利用。办事时，你掌握了对方的弱点而加以利用；一切都将得心应手，称心如意。

人们无时不在为名而生存，无时不在为利而生存。有的人更重于利，有的人更重于名。我们在与人共事时，应该掌握人们的共同心理，抓住对方的心理弱点集中攻取一点，在对方最需要的地方下手，这样对方就会乖乖就范，从而成功达到自己的目的。

假如我们想让他人做我们想让他做的事，就应该预先刺激一下他的欲望，以达到我们的目的。拿破仑就是能熟练使用这一策略的大师。面对那些衣衫褴褛、饥肠辘辘的士兵，他抓住士兵们对衣食的迫切需要，开始鼓励他们："兄弟们，现在，你们无疑是在衣不蔽体、食不果腹中过活的。我将把你们带到世界上最富足的地方去，在那儿，你们可以看到繁华的都市和富饶的乡村……"在占领米兰之后，他又改变了说法。这时，他不再在士兵们的食欲上，而是在他们的"自尊心"上下工夫。拿破仑用热烈而优美的词句赞美他的士兵是"历史的创造者、家乡的英雄"，还说："待你们荣归故里时，你的邻居会热情地指着你们说：'他曾经服役于那伟大英勇的军队。'"就这样，士兵们在拿破仑极具诱惑性的鼓动下，就像被施了魅惑的符咒一般，奋勇沙场。

4.鸟笼效应

在日常生活中，我们在拥有了一件新的物品后，总是倾向于不断地配置与之相适应的物品，以期达到心理上的平衡。生活中的这种鸟笼配套效应处处可见。

著名的心理学家詹姆斯和好友物理学家卡尔森，从哈佛大学同时退休，在家过着田园悠闲的快乐生活。

一天，两人打赌。詹姆斯说："我一定会让你，不久就养上一只鸟的。"卡尔森不以为然，倔强地说："我才不信，因为我从来就没有想过要养一只鸟。"

过了几天，卡尔森生日，詹姆斯送上了他的祝贺礼物——一个精致的鸟笼。

卡尔森一眼就看穿了詹姆斯的企图，轻笑着说："我就只当它是一件漂亮的工艺品，你别费劲了。"

从此以后，只要有客人来访，看见那个空荡荡的美丽鸟笼，几乎都会问："教授，你养的鸟怎么死了？"

卡尔森只好一次又一次地解释说："我从来就没有养过鸟。"

然而，这种回答每次换来的都是客人困惑不解、不相信的表情。无奈之下，卡尔森教授只好买了一只鸟。

这个鸟笼的主人长期对着这个空空的笼子不感到别扭，但是来访的客人总会惊讶地问这个空鸟笼是怎么一回事，奇怪地看它和它的主人。时间长了，这个主人就会忍受不了解释的麻烦和射来的奇异目光。鸟笼会给人造成一种心理上的压力，使他主动买来一只鸟与笼子相配套。

生活中，我们大可以用这种连锁反应，给他一个鸟笼，来迫使他人做我们希望他做的事情。

5.牵领头羊

在羊群中，只要有一个领先者（领头羊）占据了主要的注意力，那么整个羊群就会不断地模仿、仿效，重复这个领头羊的一举一动，领头羊到哪里去吃草，其他的羊也到哪里填肚子，这就是羊群效应。所以我们要想控制整个羊群，不用费太大的力气去套牢每一只羊，我们要做的就只是驱赶领头的那只羊。

动物界如此，在人类的许多组织群体中，也是这般。比如，在同一个集团、公司或者学校、单位中，人与人之间的关系并不都是完全一样的，总是基于某些因素，构成了一个又一个的小群体。假如群体中的头儿另谋高就，就会带动他的小群体整个跳槽。我们经常能看到这种情况，一个经理被其他公司挖走，他的小团队、合作伙伴和朋友都会跟着他一起走掉。

根据250法则，每一个人背后都有250个人和他构成一定的关系。我们要做的就是和这一个人交好朋友，从而以点带面，逐步和他背后的250个人结成关系网。

当我们认识了一个人之后，这个人就会在各种情况下（有些是偶遇，有些则是故意制造），各种场合（正式社交场合或者街头、小店）中，给我们介绍他的朋友，这些朋友也将会成为我们的朋友，正合了一句老话“朋友的朋友就是我们的朋友”。

运用好领头羊效应，能够达到四两拨千斤的功效。

6.激发同情

每个人的心灵，都有其柔软的地方，再强势的人，也有他人不易察觉的弱点，这就是同情心。同情心是人与生俱来的本性，是人作为群居动物所根深蒂固的习性。另一方面，一个人的同情心在得到满足的同时，这个人的自尊心也同样能够得到满足。所以说，如果能够调动对方的同情心，直击其心灵最薄弱的环节，那么再难解决的问题也会迎刃而解。

很多时候人们示弱并不是因为真的软弱，而是为了以此来激发别人的同情，得到人们的帮助，这是人们争取利益的一种谋略，也是一种接近他人的最好做法。

想想你自己在这方面的经历，当你和你的孩子、父母谈一个什么问题时，你立场正确，理由充足，所有的有利因素都归于你，突然间，他们的眼眶涌出了泪水，一颗颗泪从他们的脸颊向下滑落，你会有什么反应？你绝不会想：我要制伏他，继续，将他逼死。大多数人都开始退却，说："算了，算了，别哭了，我按照你的意思做就是了。"

请求他人解决问题时，应该调动听者的同情心，使听者首先从感情上走近，产生共鸣。这就为你问题的解决打下了基础。人心都是肉长的，将受害的情况和你内心的痛苦如实说出来，处理者是会动心的。因此，当我们在需要他人帮助的时候，不妨激发对方的同情心来达到自己的目的。

夹缝中生存的"黄金四原则"

有社会学家指出，在许多家庭里，夫妻争吵最主要的原因就是谁也不服谁，不懂得欣赏对方，看不见对方好，这也是同事、朋友交恶的一个很重要的原因。没有了偶像，不懂得欣赏别人，较少合作，较多算计，结果大家谁也不开心。

博弈论中著名的“囚徒困境”推论告诉我们，在多数情况下，双方合作比双方背叛好，做得好的关键不在于征服对方，而在于引导合作，一句话，合作优于背叛，被认为战无不胜的“黄金四原则”就建立在这一基础上。

1.告诉别人你是谁

在人与人之间，模糊有利于审美，而清晰则有利于合作。客观地说，人与人交往都是有一些或表或里的缘由的，而这些缘由的目标都是合作，商务往来是一种合作，摆脱寂寞也是一种合作，即便是复仇也要在你的合作下才能如愿以偿。而合作的基础是资源。你如果没有对方需要的资源（资源、权势、美貌、才华、个性、善良等等），就不要指望对方会积极、持久地对待你。其实我们也是这样，你在乎的东西才会吸引你。为了很好地与人合作，同时也给自己更多的机会，我们就必须和清楚地表现自己的资源和做人的原则，所谓“丑话说在前头”，就是使大家都知道你的原则，你不能接受什么，你不可失去什么，你的原则表述得越清楚，别人也就越知道该怎样对你。就像领袖必须让所有人敬畏一样，表现出个性中强悍的一面不是坏事，事实证明，这更有助于导致长期的合作，同时也更公平，就像在运动员比赛前一定要让他知道比赛规则一样。这种意义上说火比水更安全，因为人们知道火的厉害故而比较谨慎，而水却很难让人觉得敬畏，这使人们更容易在水中犯错误。

2.学会感激

成功学家安东尼指出：成功的第一步就是先存一颗感激的心，时时对自己的现状心存感激，同时也要对别人为你所做的一切怀有敬意和感激之情。如果你接受了别人的恩惠，不管是礼物、忠告或帮忙，而你也够聪明的话，就应该抽出时间，向对方表达谢意。领袖的责任之一便是谢谢。那些当选的领导人，总是要拿出一些时间去答谢曾经支持和帮助过他们的人或组织，非如此，他便不可能得到更多的支持，过河拆桥的人是走不远的。无数的事实证明，及时回报他人的善意且不嫉妒他人的成功，这不仅会赢得必要而有力的支持，而且还可以避免陷入不必要的麻烦。嫉妒逼人不仅难以使自己“见贤思齐”，虚心向善，而且也会影响自己的心情和外在形象，更主要的是，这会使自己失去盟友和潜在的机遇，甚至还会树立强敌——因为一般来说，被别人嫉妒的人应该不会是弱者，以“一报还一报”的心理，他也不会对你太客气。

3.你怎样对待别人，别人就会怎样对待你

一个过路人到加油站问路，并打探前边镇子的人怎样，加油站职员反问他从前住的镇子怎样，过路人回答“糟透了”，职员于是说：“我们这个镇子的人也一样。”随后，第二个人驾车来到这里，并问了相同的问题，当驾车员回答说他们原来镇子人很友好后，职员说：“我们这个镇子的人完全一样。”

4.人际关系就是善意的关系

人是三分理智、七分感情的动物。士为知己者死，从业者可为认可自己价值的上司鞠躬尽瘁。“给予就会被给予，剥夺就会被剥夺，信任就会被信任，怀疑就会被怀疑，爱就会被爱，恨就会被恨。”行为孕育行为，你对我友善，我对你也友善，如果你对我不友好，我也不可能友好地对待你——这就是心理学互惠关系定律。如果你拥有对别人有用的信息而不与别人交流，那么你会发现别人拥有对你有用的信息也没有告诉你。帮助别人也是帮助自己。

爱默生说过：人生最美丽的补偿之一，就是人们真诚地帮助别人之后，同时也帮助了自己。伸出你的手去援助别人，而不是伸出你的脚去绊倒他们。一个与人为善，一心做事的人也许会流一些血，但胜利最终会属于他的。

与人争辩，损人不利己

1502年，艺术家米开朗琪罗来到佛罗伦萨，他要用一块别人认为无法使用的石头雕出手持弹弓的大卫形象。几天后，米开朗琪罗的赞助人索德里尼来到工作室。他站在雕像的下方说：“你的这件作品很了不起，但它有一点缺陷，就是鼻子太大了。”

于是，米开朗琪罗在雕像鼻子的部位开始轻轻地敲打。表面上，他是在修饰，事实上，他没有改动鼻子的任何地方。几分钟后，他问："现在怎么样？"索德里尼回答："现在最完美了。"

不与人争辩，而是巧妙地把事情做得妥帖，才是高手。

有一位顾客，由于对方送货太迟，而向推销员大发脾气：

"你这时候才送货来，还想收钱？我的老主顾都因为买不到你们的货而到别人家去了，你们使我亏了多少钱，你知不知道？"

这位聪明的推销员一看对方发火，就立即向对方道歉，并且说："肯特先生，我们的货送得太慢了，真对不起。难怪你会不高兴，换成我也会发火，我很了解你的心情。"

然后，这名推销员才问对方：到底送慢了多久？损失了多少钱？以后再发生这种事应该怎么处理？等到对方怒气消失，脸色转晴后，他再请对方想一想，以前送货的情况怎么样，有没有耽误过期限。

肯特先生一想，发觉对方每次都按期送货，只是这一次迟延，因此对于刚才发那么大的火，开始感到有点不好意思。

这时候，那位聪明的推销员才向他说明：这一次货送得慢，是因为制造商赶不出货，所以批发商才送慢了。不过，这是很特殊的，以后不会再发生这种事情了。

由于对方的态度诚恳，而且过失也不全在对方，所以肯特先生也就不再生气了，这场冲突也就轻松化解了。

不与别人争辩看起来也是一种妥协，但这并不意味着放弃原则，一味地让步。我们应当区分明智的妥协和不明智妥协。明智的妥协是一种适当的交换。为了达到主要的目标，可以在次要的目标上做适当的让步。这种妥协并不是完全放弃原则，而是以退为进，通过适当的交换来确保自身要求的实现。相反，不明智的妥协，就是缺乏适当的权衡，或是坚持了次要目标而放弃了主要目标，或是妥协的代价过高遭受不必要的损失。因此，明智的妥协是一种让步的艺术，而掌握这种高超的艺术，是现代人成功生活的必备素质。

大家都想争得胜利，但是事实上没有那么多的胜利，太尖锐了也会导致对方的尖锐，针尖对麦芒的战争就是这样产生的。当一方太强势了，另一方肯定会不甘心，必然会有抵抗心理的，这样长期下去就不是什么好事了。

如果你在争辩中失败了，那么你真的败了，但如果你胜了，还是跟失败了一样，为什么呢？假定你胜了对方，把对方的意见指责得体无完肤，可是那又如何呢？你自然是很高兴，可是对方呢？你伤害了他的自尊，他对于你的胜利打从心底感觉到不满！

两千年以前，耶稣说过："尽快同意反对你的人。"

在耶稣出生的两千年前，埃及阿克图国王，也曾给他儿子一些精明的忠告："圆滑一些，它可使你予求予取。"如要使别人同意你，请尊重别人的意见，切勿指出对方错了。

威尔逊总统曾说过："如果你是握紧了两个拳头来找我的，我可以告诉你，我的拳头会比你握得更紧！"于是，就演变成了针尖对麦芒的战斗。

有位爱尔兰人名叫欧·哈里，他受的教育不多，很爱抬杠。

他当过人家的汽车司机，后来因为推销卡车不成功而来求助于经理。经理听了几个简单的问题，就发现他老是跟顾客争辩。如果对方挑剔他的车子，他立刻会涨红脸大声强辩。哈里承认，他在口头上赢得了不少的辩论，但并没能赢得顾客。他后来对经理说："在走出人家的办公室时我总是对自己说，我总算整了那混蛋一次。我的确整了他一次，可是我什么都没能卖给他。"

经理的第一个难题不在于怎样教哈里说话，经理着手要做的是训练他如何自制，避免口角。哈里后来成为了明星推销员。他是怎么成功的？

这是他的推销策略：

"如果我现在走进顾客的办公室，而对方说：'什么？怀德卡车？不好！你要送我我都不要，我要的是何赛的卡车。'我会说：'老兄，何赛的货色的确不错，买他们的卡车绝错不了，何赛的车是优良产品。'这样他就无话可说了，没有抬杠的余地。如果他说何赛的车子最好，我说没错，他只有住嘴了。他总不能在我同意他的看法后，还说一下午的'何赛车子最好'。我们接着不再谈何赛，而我就开始介绍怀德的优点。可是当年，若是听到他那种话，我早就气得脸一阵红、一阵白了——我就会挑何赛的错，而我越挑剔别的车子不好，对方就越说它好。争辩越激烈，对方就越喜欢我竞争对手的产品。现在回忆起来，真不知道过去是怎么干推销的！以往我花了不少时间在抬杠上，现在我守口如瓶了，果然有效。"

一个聪明人，是绝不会轻易与别人进行争辩的，即使是细小的争辩也要加以避免——要知道，人类的思想，可不是那么容易改变的！不论对方的聪明才智如何，你都不可能通过争辩去改变任何人的想法，就像聪明的富兰克林所说的："如果你争辩，你反驳，或许你会得到胜利，但这种胜利是短暂的，空虚的，你永远也得不到对方给予你的好感！"

你不妨自己做一个衡量，你是想要得到那短暂而空虚的胜利呢，还是想要获得人们对你的好感？所以，在平时的生活中，我们不妨让自己的顾客，朋友，丈夫或是妻子在一些细节上胜过我们，何必非要与他们一争高下呢？

林肯一次斥责与同事发生纠纷的年轻军官时说：

"一个成大事的人，不能处处与人计较，耗费自己的时间和精力去与人进行争辩。无谓的争辩，对于自己的性情不仅是一种损伤，还会失去自己的自制力。在尽可能的情况下，不妨对别人谦让一点。就如同与一只狗抢行，你不如让狗先走，否则，被狗咬了一口，即使后来你把这只狗给打死，也恢复不了你的伤口！"

所以，一旦与别人发生冲突时，能够获得最大益处的唯一方法，就是尽量避免争辩。

第四章

玩转职场的软实力——办公室里的心理博弈

许多刚开始工作的人，为了让上司对自己印象深刻，常常寻求创意独特，做出一些与众不同的表现，希望借此能吸引更多人的视线，不料“聪明反被聪明误”，反而引来了别人对自己的非议。这就是不懂心理博弈的后果。同事关系是最奇特的关系，不能太冷漠，如同路人；又不能太熟悉，像好朋友。如何处理？我们要花点心思。

利益是人事博弈永恒的主题

卡耐基每年夏天都到缅因州钓鱼。他个人非常喜欢用草莓和乳脂作饵料，但他知道，鱼儿较喜欢小虫。因此，每次去钓鱼，他不想自己所要的，想的是鱼儿所要的。卡耐基的钓钩上不装草莓和乳脂，从来都只挂着一只小虫，似乎在说：“鱼儿啊，你不想吃吃这只美味的小虫吗？”

卡耐基无疑是擅长洞悉他人心理的专家。他知道如何利用心理学中的“喜好效应”，如何投“鱼”所好，从而获得自己想要的结果——鱼上钩。其实何止是钓鱼，任何人做任何事，要想取得成就，首先要获得相关人士的好感和信任，再顺理成章地对他人施加自己的影响。因此如果我们要想获得某种结果时，为什么不同样地使用这种常识呢？

李罗·乔治从中得到了不少启发。常常有人问他，当所有那些战时的领导人物——威尔森、欧蓝多、克里门索——被踢开和遗忘时，他为何仍然能掌握大权？他回答说，如果他的出人头地有任何理由的话，可能是因为他早已知道：要钓上鱼的话，饵必须适合鱼。

没错，要想不被踢开和遗忘，你只有不断给予别人想要的，别人才会一如既往地拥护你。因此，唯一能影响别人的方法，是谈论他所要的，并教他怎样去得到。

请记住！如果你打算明天要别人去做某件事的时候，譬如说，当你想让你的儿子不再睡懒觉时，别跟他讲什么大道理，只要让他知道，睡懒觉会使他无法加入篮球队，或赢得百米竞赛。

奥弗斯特里特教授在他那本启发性的《影响人类的行为》一书中写道："行动出自我们基本上的渴望……而我所能给予想劝导他人的人——不论是在商业界、家庭中、学校里、政治上——最好的一个忠告是：首先，激起对方的急切欲望。能够做到这点的人，就能掌握世界；不能的人，将孤独一生。"

在纽约一家银行工作的芭贝拉·安德生，为了儿子的健康考虑，打算搬去亚利桑那州凤凰城。受卡耐基钓鱼论的启发，她写了下面的一封信寄给凤凰城的12家银行：

敬启者：

本人在银行工作已有十年，对快速成长的贵银行很感兴趣。

本人曾在纽约银行家信托公司各部门工作，现已升为分部经理，熟悉银行各部门业务，包括与存户之关系、信用、贷款及行政。

本人将在五月迁居凤凰城，深信能有助于贵银行的成长与获利。本人将在四月三日前后一星期到达凤凰城，如能蒙赐机会，使本人显示如何有助于贵银行达到目标，则感激不尽。

芭贝拉·安德生

这封信发出后，12家银行中有11家来信请她去面谈。为什么会有这样好的效果呢？安德生太太没有说她要什么，而只在信中说她可以在哪些方面帮助他们，是看重他们的需要，而不是她自己的需要。

成功者总是最擅长知道他人的喜好和需要，并巧妙利用这种喜好和需要来达到自己的目的。

这里，有必要再重复一遍奥弗斯特里特教授那充满智慧的忠告："首先，撩起对方的急切欲望。能做到这点的人，可以掌握全世界；不能的人，将孤独一生。"

和领导接触，多多益善

与领导保持经常性的接触，建立良好的工作关系，对你的工作有百利而无一害。人不仅是一种理性的生灵，也是一种感性的生灵。中国领导群的一个重要特征就是重视"关系"，也就是感情联络。在中国领导群中"任人唯亲"是较普遍的，这种用人机制当然不好，但短期内也不可能完全破除。其中这个"亲"就是指诸如秘书、司机、老乡、亲属、亲信、老同学、老战友、老部下等与领导感情较深的人，这些人就是领导重用的对象。有人从中总结经验说，"功夫全在工作之外"。

与领导保持经常性的接触，可以加深彼此间的了解和交流，可以更好地把握领导的思想状况和感情倾向，可以在生活上多一些关照，在工作上多一些主意和策划。有些事领导可能会跟你探讨、商量，这样，你的思想可能会成为他的补充。时间久了，领导会产生不能缺少你的感觉。

与领导保持较近距离的亲密关系，有利于增强上下级的信任感。在职场上谋生的人，差不多人人都想与领导接近，以便拓展日后的发展空间和增大被提拔重用的机会。但是，这并不是件很容易的事情，不会处事的人，不懂上下级之间相处技巧的人是很难成为领导的“得意干将”的。那么，怎样才能与领导经常接触呢？一是在业余生活上多与他接近，了解他的兴趣爱好，找到兴趣爱好的共同点，例如麻将、纸牌、钓鱼等等；二是在工作上多请示多汇报，要在请示和汇报时谈一些成熟的和创造性的想法，让领导知道你办事很有办法。

与领导接触、联络感情的机会很多，每一种机会都可以加深与领导的感情。当然，多管齐下，全方位投资更为有效，与领导的关系就更容易拉近。

拉近与领导关系的机会有以下几种：第一，加强与领导亲属的联系，经常去拜访；第二，酒店、饭店是联络感情的好地方，一片“忠”心在酒壶；第三，常与领导聊天，无意中就加深了与领导的感情；第四，替领导办点儿私事；第五，生活上多问候领导，以示自己的一份“孝”心；第六，工作中始终与领导站在一起，患难与共；第七，多陪领导散散心，在打球、跳舞、游泳、旅游、下棋时拉上领导参加，在兴趣爱好上激活领导。

与领导之间若缺乏联系，会使双方愈来愈不信任和不尊重，更重要的是会很大程度地影响到你加官晋爵的机会。

与领导保持良好的沟通是取得信任并得以升迁的必不可少

的工作。这种技巧十分微妙，给领导简洁、有力的报告，切莫让浅显和琐碎的问题烦扰他或浪费他的时间，但重要的事必须请示他。

可能有一些时候，领导作出的决定与你的想法大相径庭，你在思想上有可能不会接受，但是，即便有太多的疑虑，你也必须首先去执行领导的决定，因为领导的一切决策都有待于下属的拥护和支持。你可以私下里找领导交流一下思想，了解一下领导究竟是出于何种考虑，但千万不要当着众人的面，让领导下不来台。

别太天真，读懂潜台词是基本功

有个穷人得了病，病得越来越厉害，医生说他没有希望了。病人便向众神祷告，说如果能病好下床的话，一定设百牛祭，送礼还愿。他妻子正站在旁边，听他这么说，便问道："你从哪儿弄这笔钱来还愿呀？"他回答说："你以为神让我病好下床，是为了向我要这些东西吗？"

这故事是说，实际上不想做的事情，人们倒最容易答应下来，人有时候心口不一。因此，察言是很有学问的技巧。人内心的思想，有时会不知不觉地在口头上流露出来，如果不能领悟到对方的弦外之音，就可能对自己不利。

李阳刚调入制药公司时，科长对他说："你刚到公司，恐怕对此处各种情况都很生疏，不妨先走走看看，等你把各处的具体情况熟悉了再说。”

这位科长似乎十分通情达理，李阳也信以为真。他在公司里悠闲地待了3个月，没做什么具体工作。

没料到，有一天科长突然把李阳叫去，用一种十分不快的口吻说：我是欣赏你的工作能力才推荐你来公司的，可是许多职工都反映，你整天瞎逛，懒懒散散，大家因此而满腹意见，你可要注意影响，有点作为呀！

李阳听了以后，哑口无言。但他在心里却暗暗地想道：“不是你叫我到处走走看看，熟悉情况的吗？我现在完全是按你的吩咐去做，你反而责怪我了。”

这件事究竟是谁的过错呢？

这应完全归咎于李阳的天真和疏忽。李阳是被科长看中而特地录用的。开始，科长的嘱咐纯属客套，其背后的潜台词是：新进人员在不熟悉情况时贸然行事，容易遭到老职工的排挤，小心为妙。

但是，李阳对科长的弦外之音居然一无所知，天真地领会科长的客套话，并照办不误，因而出现了纰漏。此时，他若不受科长的责备，才是怪事呢！

由此可见，在与别人交谈时，我们一定要多留心，在交谈中多细致领会其中的弦外之音，这样我们才能预先了解情况，做到有备无患。

张强是一家食品制造公司的老板，旗下共有90名员工。他认真工作，而且试着公平对待每位员工。他的业务已经历16年的成长了，而且相当赚钱。

然而，他有一种公司里有事情“不太对劲”的感觉。他决定要问一下员工在想什么。每个人都说没事，有个人说：“这里还好，就像其他公司一样嘛！”另一个人说：“我喜欢你，也喜欢食品业。”第三个人则用很正式、很慎重的态度说：“这个地方诸事通顺，没什么问题。总之，我们又不是来这里参加社交俱乐部的。”

虽然和一些员工交换过意见，张强还是觉得公司有什么事不对劲。他辗转思量这些谈话内容，第一位员工说“就和其他公司一样嘛”是什么意思？为何第二位员工把话锋指向我和这个行业，而不提到他的同事呢？第三个人又为何那么拘谨，这么慢才回答？社交俱乐部的那句评论背后指的又是什么？

张强把他们话中没说出的、修饰过的、加入成见的潜台词，不断反复思量着，他终于找出一些正伤害工作绩效的士气问题。他对症下药，采取了一些措施，最终让员工们重新团结在了一起。

弦外之音非常重要，需要我们仔细观察其说话动作、方式等细节，然后再对症下药。

不当傀儡，别被同事“绑架”了

做人要有原则，有原则的人才会被别人尊重。但是，要想在职场得志，必须得左右逢源、八面玲珑才行，必须在待人处事时做到知己知彼，针对不同的人采用不同的方法，投其所好。了解同事的喜好，才能建立良好的人际关系，才能与同事合作愉快。而建立这种良好关系的一个重要窍门就是揣摩他们的心思，摸清他们的脾气，投其所好，懂得取悦他们。但是在取悦他人的同时，也要坚持自己的原则，否则会损害自己的利益。

某报社的编辑们在夏季来临的时候喜欢在下午吃点凉品，聊聊天。但是大家都知道这样的行为会被领导指责。为了避免领导的批评，大家想了个办法，就是每天下午其中一名编辑带着工作用的包装盒子出去，然后大模大样地回到办公室里来，一路上要用平静的表情来完成这些工作。因为这样若无其事的神情不会使领导怀疑你是出去买凉品了，而感觉你是出去采访了。因为编辑的工作性质决定了不可能每个人每天都有机会出去，因此大家轮流着来，自然不会被领导发现了。

如果你是其中的一个员工，你并不愿意加入你的同事中，那么自然你也不愿意去买凉品了，此时你肯定会被大家排斥，你的人际关系也不会好到哪里去。如果你为了有一个好的人缘，选择了从众，从此你就要做着自己本不想做的事情，你不会觉得委屈吗？

你和同事一直和平共处着，突然公司里作出了一个规定，每月每人必须完成一定的工作量才会有一定的薪水，而多完成的那部分是有奖金的。你很高兴，因为你的能力足以完成更多的工作量，也就是说你可以拿更多的奖金。此时，你的同事告诉你，大家要团结一心，不多做工作，以此给领导压力。你虽然嘴上不同意同事的做法，但是你却不想得罪了他们。此时，你会为了有一个好人缘而选择从众吗?

以上的情况让人无从选择，但是在现实的职场生活中却普遍存在。此时，你应以怎样的心理去对待呢?

其实，如果你的从众心理是没有原则的，那么你将成为其他同事的傀儡。而一旦你为自己确定了自己的原则后，你将是战无不胜的！以上两种情况，你都可以告诉同事：我有我的原则，我只做我认为对的事情。

这样的说法虽然让你的同事心理上一时难以接受，但是你依然按照自己的原则做事，时间长了大家就理解你了。这需要我们从小事着手努力，在不丧失原则、坚持立场的情况下，你可以尽可能说一些同事喜欢听的话，做同事喜欢的事情。比如说，上班的时候，如果你发现你的同事提了一个新皮包，你就可以赞美她一下：“你的这包包真漂亮，在哪里买的?”

但是投其所好并不等于谄媚，也不等于讨好，因此你的赞美一定要恰到好处，不能太露骨。如果你的同事恰好和故事中的同事类似，喜欢吃一些零嘴，你在上班时间拒绝了他，可以在节假日的时候弥补过来，你可以送一些他爱吃的食品给他，他一定会感动的；如果你的同事心情不错，你就不要说大煞风景的话；如果你的同事心情很差，那你就可以安慰安慰他。通过这些小事投同事所好，会不知不觉间让他们对你产生好感。这样做，不仅能体现出你的个性和原则，同时还能表现出你对同事的友好，是不是比从众的心理更有效呢?

一个成熟的人，要有自己的做人与办事原则，有自己的思想，千万不能人云亦云。工作中，也不要同事在做什么你就去做什么，同事叫你做什么你就做什么。在不得罪人的同时，还能坚持自己的原则，那么你就修炼到家了。

过犹不及，动心你就输了

刚走进职场的人，总会出现想在就职的公司找到很好的伙伴的心理。要知道在一些规模庞大，组织机构复杂的公司，人们的关系往往限于工作，人人都把同事视为竞争对象，一心只想往上爬，这时候我们就要学会克制自己想寻找友谊的心理，因为这里的同事们早已习惯了在工作中戴上职业面具，热心的你反而有可能被认为是“别有用心”。

小林刚毕业的时候，进了一家外资企业。她发现虽然每天大家都有八小时的相处时间，但人与人之间的了解却相当少，大家脸上都是职业笑容，刚工作的小林对这一切非常不适应，但是她克制了自己，友谊是靠自己争取的，不是靠拉拢的，公司的形势不给自己机会，那就自己寻找机会了。

一个月后，小林发现同事艾米快要过生日了，她自作主张给艾米定了一束鲜花，想给她一个惊喜，更希望这是个良好的开始，从此办公室里的氛围可以亲切温馨起来。但是，小林没有想到的是，艾米虽然很兴奋，高声笑着过来跟小林道谢，可是其他同事显然都没留意到是艾米的生日，因此颇为尴尬，只是附和着说了句“生日快乐”。下班后，更令小林失望的是，根本没有生日PARTY的安排，艾米高高兴兴地跟男友走了，其他同事也各有安排，小林的一片热心被搁在了半空。

而且在随后的时间里，小林发现自己的热心肠并没有融化公司里冷冰冰的气氛，反而有闲话传开来：“别看那个小林没来几天，精明着呢，一来就知道讨好艾米，谁不知道艾米是副总的侄女？”自从发生了鲜花事件后，仿佛连艾米也有些怀疑小林是投机谄媚之人了，说话比以往更加公事公办，小林感觉就像哑巴吃黄连，有苦说不出……

我们在工作中要发展友谊，就应该观察自己所处的是一个怎样的环境。如果一个工作环境非常复杂，每个人其实都有自己的心机，想发展友谊是非常难的。这种工作环境是一种缺乏人情味的工作环境，这样的环境高度职业化、分工明确、等级森严，特别需要你克制自己想发展友谊的心理，你一定要学会在这里和其他人保持一定的距离，这才是最安全的做法。因为，你一旦想要与人接近，反被认为是刻意套近乎、别有目的。因此，上班就只管工作，至于友谊，大可在办公室之外发展，这样才最没是非。

其实，不管在什么环境里的交友都是需要适可而止的，和同事尤其是这样。如果你真的想和某个同事做朋友，首先，你要真心对他，其次要看公司的大环境而定。如果大环境不许可，你可以私下进行，千万不要像故事中的小林一样当着大家的面送花。

公私分明也是很重要的一点。同事众多，总有一两个跟你特别投机，可能私下成了好朋友。但不管你职位比他高或低，都不能因为关系好而进行偏护纵容。

与同事相处，太远了显然不好，人家会误认为你不合群、孤僻、性格高傲；太近了也不好，因为这样容易让别人说闲话，而且也容易使上司误解，认为你是在拉帮结派。所以不即不离、不远不近的同事关系，才是最合适的和最理想的。那么，这个分寸你应该如何把握呢？你应当学会体谅别人，不论职位高低，每个人都有自己的工作范围和责任，所以在权力上，千万不要喧宾夺主，但也不能说“这不是我的事”这类的话，过于泾渭分明，只会破坏同事间的关系。

工作中为人处事要掌握分寸，不要随便与人交心。

在公司多参加活动，加深同事间的感情是正确的，但切忌随便交心。只有你和同事都知道竞争没有用或者你们都放弃了竞争时，才会有真感情。在两个相互竞争的同事间，动了真感情，只会自寻烦恼。

关于背叛和淘汰的博弈

人们在面临现在多变的市场的时候，如果不跟随市场潮流，还相信所谓的行业默契，就会被市场淘汰。因此，只有根据市场变化，打破行业默契，作出顺应潮流策略的人才能生存下来。

明代宋濂的《宋文宪公全集》中，记载了这样一个故事：

玉戴生和三乌丛臣是朋友，玉戴生对三乌丛臣说："我们应该勉励自己，有一天站在权势人的门前，也不迈进去！"

三乌丛臣很同意，就说："起个誓！"

玉戴生宰羊蘸血，拉着三乌丛臣跪下，对天发誓："同心同德，不追求利禄，不受高官引诱，不依附奸佞，不改变自己的品行；如果违背，神明定杀无赦！"

后来，两人去晋国做官。出发前，玉戴生再三叮嘱，三乌丛臣发誓："誓词还在我耳边回响，我怎么会忘记呢？"

晋国由赵盾把持朝政，许多人都投奔他。三乌丛臣想拜见他，又怕玉戴生知道。想来想去，还是去找赵盾。这天，三乌丛臣半夜起身，鸡叫头遍，来到赵府门前，希望没有人看见。刚刚迈脚入门的时候，他发现有人在屋檐下正襟危坐。由于天色很黑，没有看清楚是谁。三乌丛臣觉得奇怪，还有人能够比他来得早。他举起火把一照，原来是玉戴生。

人们对某种权力表现得忠诚服从，实际上并非兴趣使然，而是人们对服从一种选择的纳什均衡。因为在人们的预期中，往往先假定别人绝对会服从，这样为了自己的利益最大化，也只能选择服从。

在面对有权势的上司时，面对的选择有以下几个：选择A，不巴结，落选；选择B，巴结，落选；选择C，巴结，升官。在这些选择里面，如果选择巴结上司会有升官的机会，而其他人也会面对同样的局面。假定两个人竞争一个官职，对于玉戴生来说，只要他选择了巴结，而如果三乌丛臣选择不巴结，职位自然属于玉戴生；即使三乌丛臣也选择巴结，就需要一个附加的条件——他巴结得比玉戴生更到位，这样才能得到仅有的一个位置。

所以，在这一博弈过程中，无论三乌丛臣作出什么选择，玉戴生只要自己拼命巴结，就会有机会升官，这是遵循我们上面所说的原则的。权力的影响以及领导的尊严便是这样形成的，人事腐败也是这样产生的。

在这个过程中，利害计算在每一个参与者那里都是超越一切价值与信念的。我们仅就上面故事中两个人的关系来看，可以看出故事中包含的“囚徒困境”的基本精神——背叛。无论对方作出什么样的策略选择，背叛对方，都能够让自己获得收益，那么必然要选择背叛这条路。

不亮底牌，直到最后一刻

所有的桥牌手都有过这样的经历，当你坐庄打三家时，防守方一上来就奔吃一门五张套，定约一下，眼看着手上的赢墩拿不到，正在懊恼牌叫得不好，慌急之中又乱了方寸，被防守方乘机切断了你的交通，唾手可得的八墩牌，现在仅拿到六墩。

坏消息常常影响情绪，轻则失望，重则沮丧，都会使你神不守舍，影响竞技水平的发挥。

当然，更多牌手在实战中培养了自己坚韧的性格，始终保持着清醒的头脑，克制情绪，对意外的打击安之若素，也就能迎来柳暗花明。

一次混双大赛，一位牌手因叫牌失误抬高了定约，正在懊悔不已，担心搭档责备时，搭档却似乎置身“事故”之外，经过一番思考之后，竟然打出了只在书上才看到过的双紧逼打法，成功地完成了定约，挽回了损失不算，还获得了意想不到的高分。

当一方陷搭档于危难之中时，搭档仍不动声色，力挽狂澜，令人敬佩。令人难忘的不只是那次比赛的胜利，而是搭档在桥战中表现出的那种临危不乱的大将风度。

如果一遇叫牌失误便乱了阵脚，便不会有最后的胜利。相反，有条不紊的攻防可令对手误以为对方点力与叫牌约定非常协调。

不亮底牌，直到最后一刻。这是办公室里重要的生存原则！

公司的老板往往会对守口如瓶的人进行提升，这是非常有道理的，因为这类人是身心成熟的人。

尤其在大公司中，因为人多，难免会有争权夺利、钩心斗角的事情发生。而有许多人非常善于钻营奔走、挑拨离间。每逢公司有人事上的升迁调动时，不仅流言满天飞，同事见面亦是言不由衷，尴尬万分。

何以会有这种情形？当然是有人泄露了人事上的机密，于是乎加油添醋，以讹传讹，搞得人心惶惶，既破坏公司的和谐，又影响士气。

如果你是上级所赏识的人，遇到有升迁的机会时，你的上司必定会召见你，对你的工作、生活等有所垂询慰勉，此时不管你的上司是否对你有具体的承诺，你一定要守口如瓶。如果你能做到这个境界，那么你才会让别人认为你是可共大事的人。这个人事动态便是你的一张底牌。

日本前首相佐藤荣作就是一个能够严守秘密的人。当年他担任运输省次官时，吉田藏邀请他出任内阁官房长官，他按手续向运输大臣提出辞呈，只字不提自己被内定为官房长官的事，甚至对其夫人也都闭口不谈。他这种性格深为吉田藏所赏识，最后终于登上首相宝座，而且到目前为止，他是日本战后在位时间最久的首相。

要做到严守底牌的最好办法是以静制动，或是干脆置之不理。如果说你的地位重要到能够引起人们的期待心理，就更要如此。即使你必须亮出真相，也最好避免什么都和盘托出的情况，不要让人把你里里外外一览无余。

小心谨慎是靠小心缄默来维持的。

你决心要做的事一旦披露，就很难获得尊重，反倒常常招致批评。如果事后结局不佳，则你更容易遭到双倍的不幸。

聪明人应当对不怀好意的人置之不理，并且深藏起你个人的烦恼或家庭的忧虑，因为即使是命运女神有时也喜欢往你的痛处下手。你的那些好事或不好的事，都应深藏不露，以免后者不胫而走，前者烟消云散。

一定不要和盘托出全部真情，因为吐露真言如从心脏放血，需要极高的技巧。并非所有真相皆可讲。冲动是泄露的大门，最实用的知识在于掩饰之中。亮出自己底牌的人可能会输掉人生的很多机会。

第五章

有钱人不说，却在用
——投资创富中的心理博弈

随着经济的发展，人均收入的提升，手中资金积累达几十万的人群越来越多。而银行利率下调，实名存款，迫使人们寻找其他保值、增值的投资途径。但是在风险与收益并存的投资领域里，面对举不胜举的所谓赚钱的机会，投资什么风险低、收益稳定？投资之后，有了资产，那么又该如何应对通货膨胀、规避风险，同时尽量使自己的资产保值增值？其实这些事关理财的问题都可以在博弈论中得到启发。

投资是天然的博弈场

玩过桥牌都感觉它是一种非常有意思的娱乐方式，虽然是游戏，但是集心理学、推理、合作和技巧等理论和方法于一体。

投资其实与博弈类游戏有着相同的基本规则，那就是，尽管未来存在着很多的不确定性，但你在出牌前仍然需要制订一个基于概率最优的作战计划，在没有明确信息的前提下，严格执行这个计划就是最优的策略。所以，投资者应该先对事情作出全面的分析，预想各种可能性之后制订一个严密的计划，投资基本上是遵循这一既定思路的。

当然，严格执行计划并不是要墨守成规，因为接收信息是个动态的过程，随着信息的逐步增加，有些不确定不断地被消除，而另一些情况正在发生变化，这就需要你不断地对自己制订的计划进行调整，这样才能保证决策取得最好的结果。

按照系统论的观点，投资是一个多因素的复杂系统的决策过程，在这样一个环境下，保持独立而缜密的思考是最为关键的成功要素。而另一方面，投资环境每天都是在不断变化的，每个投资决策者都要用一种开放的心态贴近市场，不断接受新的信息，作出新的判断，故步自封是投资者的大忌。

国内的基金投资与成熟市场的基金投资还是存在很大差距的，其中最突出的是，投资者的平均投资周期过短。当然，这涉及很多原因，比如投资者的结构问题，投资者的成熟程度问题等。众所周知，不同投资者有不同的投资偏好，投资偏好的集合就会形成一条投资理念主线，比如，我国的中小投资者曾经是市场最活跃的投资主体之一，但由于一直处于信息不对称的弱势地位，自身投资意识、投资能力和经验不充分，加上新兴市场波动较大，制度缺位等因素，他们一般非常在意短期得失，“落袋为安”的心理占上风。

国内这种只重眼前利益的风气给基金投资也带来了很多问题，明显的是在此压力下，基金投资不得不强调短期收益。因此加强投资者教育是必不可少的。

不过令人高兴的是，国内市场正在逐步成熟，投机盛行的状况改善了很多。因此投资者似乎可以采用这个建议，现在大家能够如此踊跃地认购5年期国债，为什么不能为自己的基金投资定制一个5年期的投资计划呢？事实上，就常理而言，股票投资需要有比债券投资更长的投资周期。相信如果怀着一个健康的心态投资基金，坚持到底必有收获。

理财投资是上帝掷色子吗

有一本关于量子物理的书，却有着哲学的书名——《上帝掷骰子吗？》。如果真的有上帝，上帝掷骰子吗？如果人的意识真的能够左右微观世界，真的能够决定那只薛定鄂猫的生死，那么众人的意识集合能否左右宏观世界呢？显然是不可以，面对一次次的灾害，我们不得不承认自己的渺小，不得不承认生命的脆弱。生活不玩骰子。在很多的看似依靠偶然性发生的事情里，你把这些偶然跟必然相综合，你会发现上帝不只是在掷骰子。

为什么当年微软和DELL能给投资者带来高回报，股价却没有一步到位？而当人们无比兴奋地计算亚马孙这样的网络股的点击率量，不断推高股价，期望股价一步到位，不再给后来者赢利机会的时候，网络股却崩塌了。当然现在看来，如果一个刚刚开办的网络书店，其总市值超过了全美最大的连锁书店，而前者的营业额连后者的1/10都不到，那其股价崩塌肯定是不可避免的。但问题是除了少数坦言不懂科技或网络而回避这类投资的人，其余的投资者有多少能逃脱网络泡沫的破灭而造成的损失呢？现在看来这是一个很经典的泡沫，与历史上其他类型的泡沫没有两样。但在当时，市场的主流却并没有这么想，因为大多数人没有预知到泡沫的破灭，直到它真的来临。如果谁真能发明时间机器，那他一定可以轻而易举地成为亿万富翁，但这是不可能的。证券市场用最好的薪水，雇佣最聪明的分析师，努力地研究经济、行业或企业，最多也只能看到非常短暂的未来的影子。

投资中一个重要的心理陷阱是过度自信，过度自信的一个主要表现就是认为自己可以把握未来。过度自信者中也包括以资金为后盾操纵股价的庄家。从总体而言，庄家一定是亏损的，只是还没有人统计亏损的总额有多大，但从破产券商和庄家资金链断裂的新闻报道可以知道，这不是一个小的数目。所以投资中的意外是投资本身的一部分，是不可避免的，而不是偶然的事件或投资者水平的问题。所以如果在国内市场，某只基金的重仓股出现下跌，其实再正常不过，哪怕这只股票跌得只剩 1％，也只是说明这只股票发生了超出基金经理预期的事情。市场用一只股票的下跌来评价整个基金投资的水平是不全面的。因为如果不是因为未来的不可知，人们其实根本就不用分散投资，全额投资收益率最高的那只股票就行了。

上个世纪物理学的发现也许与证券市场有某些类似之处。一个欧洲的皇室成员同时也是物理学家叫德布罗意的，他发现电子既是实体的粒子，又是一种波，他把这种现象叫作波粒二象性。另一个物理学家海森伯进一步研究发现了“测不准原理”。他认为，微观世界和我们现存的世界是不一样的，比如电子，你要么可以知道它运动的路径，要么可以探测它出现的地点，但无法两者都知道。这就说明我们知道电子在围着原子转，但我们无法知道它到底在什么地方。爱因斯坦对此非常恼火，他说“上帝不玩骰子”，于是开始研究可以解决这个问题的大一统理论。但非常可惜，他没有成功。

说这个故事只是想告诉读者，就像我们必须接受微观世界是概率的世界一样，我们必须接受未来永远是不确定的。短期而言，股价相对企业基本面的波动是不确定的，而企业的基本面却是确定的；长期而言，股价反映企业基本面变化的趋势是比较确定的，但企业的基本面却变得不再确定。所以无论时间长短，我们都不可能两者兼得。

不要将就，不要盲目跟风

自己不加判断地跟着别人走，会有两种结果，分别有两个模型可以说明，一是“羊群效应”，一是“博傻理论”，下面来看：

有一群羊，当其中的几只羊要么口渴，要么饥饿，要么受外部某种条件刺激（遇到凶猛野兽等）向某个方向（水源、草源、自认为安全的地方）行进时，另外的大部分羊都会无目的地和那几只羊一起行动（尽管不是所有的羊都口渴、饥饿、受威胁）。结果有两个：要么它们得到了水、草、安全，要么它们什么也没有得到。

一些聪明的人看到某种物品开始上涨，甚至涨得有些离谱时，估计（其实就是赌，也就是博）还会上涨因而去追高买进，当有了一定的获利空间后把它抛出，而另一些人胆子更大，在更高的价位接盘，当你为他捏一把汗时，价格真的还向上涨，结果，他也获利了，紧接着，胆子更大的人（也就是比前边几个更傻的人）又冲了上去，等待他的是两种结果，要么他也获利了（证明他不是最傻的，这样的话，游戏还得继续，必须决出最傻的人），要么这个物品在他接手时开始下跌，他成了最大傻瓜。

如果结果是第一种倒还好，大不了是做一回笨蛋，损失时间和精力。但如果结果是第二种可就不太妙了，如果输了的话会很惨。

许多人想要做投资，但是由于对基金和股票一窍不通，又没有时间去打理，所以总是抱着想省时、省事还想“捞”一把的心态，看到身边的人在买什么，就“跟风”把钱全部投进去。其实我们都知道，看到其他人赚钱，想捞一把就完全照搬别人的这种心态，本身就是不正确的。我们都很清楚，看到其他人做生意赚钱，自己如果贸然进入做同样生意的话最有可能出现什么样的结果。做投资，也是同样的道理，盲目的从众心态绝对不可取。你必须根据自身的情况制订出适合自己风险偏好的理财计划。

事实上，从众投资并不意味着一定带来亏损，但盲目从众一定会使人失去方向，无论你是专业投资人士，还是普通的个人投资者。

市场定价是一个永不破的规则，它更多地取决于供求关系，以及人们对所购买物品的价值判断。比如一斤白醋平常价钱为2元，2004年发生“非典”大家开始哄买的时候，广东白醋的价钱就上升到50元，当事件过后白醋的价钱不仅落回到原来的价钱，有些囤积居奇的商店甚至还降了价。

股票市场也毫无例外的一致，供求关系与股价波动的不确定性放大了人们投资的风险，所有的人都期望1元买入，50元卖出，“羊群效应”就在这个价格区间开始上演了。股票从1元钱涨到10元钱，人们也许会忧虑迟疑，一旦涨到20元钱，大家就开始疯狂地进入，直到股价飙升到50元。2001年网络泡沫的破灭，人们清醒地看到：在狂热的市场气氛下，获利的是领头羊，多数狂热的追随者都是牺牲者，因为后来的追随者绝大多数都不知道股票的真实价值。

从众投资的风险同样也来自业内分析师的推荐。我们有时候也注意到一只很有价值的股票被发现的时候，市场并不给它充分的价格，这个时候只有一两位分析师推荐，股价也并不大幅上涨。一旦越来越多的分析师认识到它的价值并开始推荐的时候，股价开始大幅上升了，并在一定阶段开始飙升，这个时候所有的分析师开始推荐了，所有的投资者开始关注这个股票，在这个时候投资这些股票，我们通常发现它的超额收益其实比较有限。这就是市场的定价。所有的人都开始关注与投资的股票，就很难从市场的供求关系中获得超额收益。

当然，并非所有的上涨股票我们都不可以投资，也并非我们不可以从众投资，问题是我们要投资我们所熟悉的股票，我们所要知道的是我们所要投资的股票的价值底线。巴菲特一直强调，投资自己熟悉的股票，不要追逐市场的热点。事实上，巴菲特也留了一手，他自己熟悉纺织行业，但他却很少介入。牛市来了，人们都知道赚钱的机会来了，但是我们需要清醒地认识到，中国的股市有着自身的制度缺陷，并非投资任何股票都能够给自己赚钱。在眼花缭乱的股票上涨中，我们需要做的更多的是关注我们所投资股票的质量。

“羊群效应”曾经在股市中酿过千万悲剧，但是这种悲剧在市场中永远不会结束。在任何市场条件下，无论我们投资的是热点还是不是热点，我们需要清醒的是：不做盲目的从众投资。

不仅仅是投资理财需要如此，做任何事情，都要有自己的立场，不要盲目从众。

有一个笑话十分有趣，说的是一位石油大亨到天堂去参加会议。他兴冲冲跑进会议室，却发现会场座无虚席，早已没有了自己的座位。于是，他灵机一动，喊了一句："伙计们，听说了吗？刚才他们在地狱里发现了石油！"

此话一出，天堂里的石油大亨们生怕落后一步就被别人夺走了利润，于是纷纷向地狱跑去。人们蜂拥而出，顿时天堂里就空了下来，石油大亨刚想找个椅子坐下来歇歇，忽然听到外面的人在议论地狱里的石油多么丰富、开采成本多么小等等，这位大亨心里纳闷，莫非地狱里真的发现石油了？于是他也急匆匆地向地狱跑去，天堂里又空无一人了。

人们都有从众心理，形成了周围的人都在做的事情就应该效仿的观念。在这种观念的驱使下，很多时候，还没有理清头绪，还没有搞清楚事情的真假对错，就盲目跟风，随波逐流，这样的后果往往就是赚不到便宜，甚至会酿成悲剧，更会成为别人的笑柄。从众心理，给人带来的损失是不可小视的，我们不应该成为从众的牺牲品。人要想克服这种从众心理，必须要培养自己的主见，对任何事情都要有自己的观点，即使你的观点得不到任何人的支持，也不要轻易否定自己。做事情时，要多动脑子，不要让别人的言行影响了你的决定。

与群众心理反向操作

在股票投资里，巴菲特有一个非常重要的原则，就是进行与一般群众心理相反的操作，也就是在群众一片乐观时应该及时保持警惕，在群众一片悲观时勇于承接。因为，群众大都是“追涨杀跌”。

在理论上，股价越涨，风险越高，但群众却越有信心；股价越跌，风险越低，但一般的投资者却越来越恐惧。所以，投资者如果能在大众投机狂热时保持清醒和理智，在群众恐惧害怕时保持足够的信心，将有很大机会获利。

中国台湾经济学者和经济专家曾经在1987年表示，因为台币升值的缘故，以出口为导向的台湾经济必将受到影响，会导致经济增长减缓，随之，股票市场将会出现一季比一季下降的趋势。然而，结果却是股市连创新高，这种趋势直到9月份，一直狂涨不止。就在人们一片看好、股市将要创下5 000点新纪录时，厄运终于降临，股市大幅下挫。加上受美国股市暴跌的影响，台湾地区股市跌幅超过50%。这些现象显示，股市的走向常常和股民们的心理背道而驰。

巴菲特非常善于利用群众的心理变化，来为自己选择投资的大好时机。他经常说，他投资成功的秘诀是，在别人贪婪时恐惧，在别人恐惧时贪婪。

1973年，尼克松总统爆出了“水门事件”丑闻，这让本已陷入石油危机的美国更加步履维艰。国内通货膨胀和经济衰退问题日益严重，整个华尔街都屏住了呼吸。1974年，通货膨胀率高达11%。在全球范围内，经济衰退的浪潮不可阻挡。这年9月，道琼斯指数跌到了惊人的607点，整个美国紧张得瑟瑟发抖。

然而，就在全美股票市场不景气、众多投资者一筹莫展的时候，巴菲特却异常兴奋，他不知疲倦地选择优秀企业进行收购，一大堆公司上了他购进股票的名单。

1974年10月，《福布斯》杂志对巴菲特做了专访。记者问他："您对当前股市有什么感想？"

巴菲特轻松地说："现在到了投资的时候了！"

"什么？现在吗？"记者吃惊地问。

"的确，现在是华尔街少有的几个投资的大好时期：美利坚正在被抛弃，没人想要它。但是，当别人害怕时，你要变得贪婪。"巴菲特再次重申了他多次提到的观点。

后来的结果证明了巴菲特过人的智慧。股市在经历了最黑暗的时期后，开始逐渐升温，巴菲特以前所购的股票价格成倍地增长，他的个人财富也像滚雪球一样越滚越大。到了1982年，他的个人财富增长到2.5亿美元，在《福布斯》"美国400首富排行榜"中名列第82位。

可见，有时候和股民心理反向操作，会取得意外的成功。但是，作出这样的决定必定需要勇气，因为周围有很多人都在质疑你，很多人都在劝你放弃。而勇气是需要有足够证据来增强的，想要与一般群众反向操作，就必须了解群众的心理，这样才能保证自己的投资行为更有把握。

第一，要听听投资顾问意见。

有很多投资顾问都会建议客户逢低买进，逢高卖出，但是，常常事与愿违。当大多数投资刊物都持乐观态度时，往往估价已经趋近顶峰；当大多数投资刊物看法悲观时，估价又常常低近谷底。

第二，共同基金持有现金比率。

如果共同基金的投资组合中持有现金增多，则表明股价要下跌；而如果持有现金减少，则意味着股价要上涨。所以，共同基金持有现金比率可以作为衡量判断的标准。

第三，证券公司人气是否旺盛。

如果证券公司中喧嚣不已，门庭若市，且一开盘就全面涨停，那么，股票很可能已经接近顶峰，应该谨慎投资，逐渐减持。如果证券公司顾客稀少，且书报摊有关股票方面的书籍卖不出去，这时通常股价已经跌到了谷底，可以适时买进。

俗话说“人取我与，人弃我取”，在股票操作中很有应用价值。所以，在任何时候我们要保持冷静的头脑，深入考察，有足够的信心逆势而为。

有自制力才能取得成功

巴菲特曾经说过，他的投资行为，没有超出常人的能力范围。巴菲特之所以成功，与他强大的自制能力是分不开的，他从来不参与自己不能控制的事情。

1989年，巴菲特在《致股东函》中说："我们同样还面临这一项挑战，在有限的世界里，任何高成长的事物最终都会自我毁灭，如果在成长的基础较小的情况下，那么这项定律就会偶尔会被暂时打破，但是在基础膨胀到一定程度的时候，好戏就结束了，高成长最后就会被自己束缚。"

投身股市，自制力是极为重要的。很多投资者出现失误不是因为他们不明白投资的原理，而是在于有时虽然明白却做不到，根源就在于缺乏自制力。

比如一次，巴菲特参加了一场户外高尔夫运动，在三天内他一杆进洞的成绩为零。于是，巴菲特的高尔夫球友们决定同他打一个赌：如果他不能一杆进洞，只需要付出10美元；而如果他做到了，可以获得20 000美元。当场的每个人都接受了这个建议，但巴菲特拒绝了，他说："如果你不学会在小的事情上约束自己，你在大的事情上也不会受到内心的约束。"

在40年的投资生涯中，巴菲特正是因为蔑视和回避了众多的市场诱惑，他才能躲过20世纪60年代的"电子风潮"，躲过20世纪80年代的"生物概念""垃圾债券"，也躲避了20世纪末的"网络闹剧"。

对普通投资者而言，投资是一种自由度很大的投资行为，没有人监督、管理和限制你的操作，很多投资行为靠自己的决策和实施。具体到操作上，我们要依据客观现实控制自己的投资行为，不要让投资行为反过来控制自己的投资思路；在情绪上，要排除股市涨跌的影响、排除个人盈亏的干扰，控制自己的情绪，才能胜不骄、败不馁，这是获得成功的基础；在思维上，可以进行创造性的思维，可以运用反向思维，但不能人云亦云，要保持自己的独立思维；在节奏上，不需要像蜜蜂那样忙个不停，股市具有独特时令季节和快慢节奏，投资者在对整个大势走向有一定把握的情况下，要懂得准时参与、适时休息；在选股上，对于一些可能获取暴利，但风险奇高的个股要注意回避，如即将退市的股票等。稳健的投资者应该注意“安全第一”，不要参与超过自己承受能力的炒作。

此外，也不要给自己定下很高的赢利目标，因为过高的赢利目标会带来一定心理压力，而科学的投资目标能帮助你保持愉快的情绪和积极进取的心态。无论是低买高卖还是高买更高卖，他们都必须维持独立的思维，为了与众不同而做和大众相反的事是极其危险的。他们必须有合理的解释为何大众可能不对，同时预见采用相反思维所将引致的后果。长期以来，我们已习惯于“集体思维”，但投资需要不同的思维方式。如果大多数人都看好某股票，他们都已按自己的能力入场，还有谁来买股使股市继续升得更高？反之，如果大多数股民不看好股市，他们都已经脱手出场，那么股市的继续下跌区间也已不大。你如果随大流，则你将常常在高点入市、低点出市，你只能成为失败者。

但现实生活中能像巴菲特一样做到这一点的投资者不多，很多投资者在投资中往往都没有足够的自制力。当然，要培养自制力，就必须在平时投资时多思考，只有多想想国家的宏观面、股市所处的区域，才能更清晰地认识、理解这一市场。看大势赚大钱，只有站得高，才能望得远，要具备一种全局的战略性的投资眼光。

在赢的概率最高时下大赌注

巴菲特曾经说过："集中投资要求我们集中资本投资于少数优秀的股票。在应用中最关键的环节是估计赢的概率及决策集中投资的比例，其秘诀就是在赢的概率最高时下大赌注。"

他所谓赢的概率，其实是对所投资企业价值评估的准确概率，而估值的准确性又取决于对企业在未来长期的持续竞争优势进行预测的准确概率。

估计成功的概率与我们在数学中学习的概率计算有很大的不同。传统的概率计算以大量的统计数据为基础，根据大量重复性试验中事件发生的频率进行概率计算。但是，我们投资的企业永远面对与过去不同的竞争环境和竞争对手，竞争环境、竞争对手及竞争对手的竞争手段，甚至我们投资的企业自身都在不断地变动之中，一切都是不确定的，一切也都是不可重复的。所以，我们根本无法计算企业竞争成功的频率分布，也根本无法估计成功的概率是多少。

但是为了保证投资获利，我们又必须估计成功的概率。一个有些类似的例子是足球彩票竞猜。每一次曼联队面临的对手可能都是不同的球队，即使是相同的球队，其队员和教练可能也有了许多变化，曼联队自身的队员及其状态也有许多变化，同时双方队员当天比赛的状态和过去绝不会完全相同，队员之间的配合也会和过去有很大的不同。那么，曼联队今天会输还是会赢呢？不管我们有多么庞大的历史数据库，也根本找不到与今天比赛完全相同的、完全可重复的历史比赛数据来进行概率估计。因此，我们唯一可做的便是进行主观概率估计。虽然主观评估赢的概率没有固定的模式可依据，但我们可以借鉴股神巴菲特的成功经验，他是用打桥牌的方法来估计成功概率的。

巴菲特一星期大约打12小时的桥牌。他经常说："如果一个监狱的房间里有3个会打桥牌的人的话，我不介意永远坐牢。"他的牌友霍兰评价巴菲特的牌技非常出色，"如果巴菲特有足够的时间打桥牌的话，他将会成为全美国最优秀的桥牌选手之一。"其实打桥牌与股票投资的策略有很多相似之处。巴菲特认为："打牌方法与投资策略是很相似的，因为你要尽可能多的收集信息，接下来，随着事态的发展，在原来信息的基础上，不断添加新的信息。不论什么事情，只要根据当时你所有的信息，你认为自己有可能成功的机会，就去做它。但是，当你获得新的信息后，你应该随时调整你的行为方式或你的做事方法。"

也许在伟大的桥牌选手与伟大的证券分析师之间有很多相似之处，都具有非常敏锐的直觉和判断能力，他们都是在计算着胜算的概率，他们都是对自己基于一些无形的、难以捉摸的因素所做出的决策。巴菲特谈到桥牌时说："这是锻炼大脑的最好方式。因为每隔10分钟，你就得重新审视一下局势……在股票市场上决策不是基于市场上的局势，而是基于你认为理性的事情上……桥牌就好像是在权衡赢得或损失的概率。你每时每刻都在做着这种计算。”

虽然不是每个投资者都可以能够准确地计算出自己的概率，也并不是说让每个投资者都努力成为桥牌高手，虽然巴菲特借助打桥牌来计算成功的概率并不合适每个人，但是我们可以从中学习他的这种思维模式，即时刻保持对股市全局的审视，判断什么是理性的事情，然后权衡输与赢的比率。

空手道，实现多赢博弈

在现代市场经济中，有不少智者在缺乏资金的情况下，不仅为自己带来了利益，还为别人带来了利益，实现了一种多赢博弈，他们靠的就是“空手套白狼”的博弈智慧，俗称“空手道”。

在美国农村，住着一个老头，他有三个儿子。大儿子、二儿子都在城里工作，小儿子和他在一起，父子相依为命。

突然有一天，一个人找到老头，对他说：“尊敬的老人家，我想把你的小儿子带到城里去工作。”老头气愤地说：“不行，绝对不行，你滚出去吧！”这个人说：“如果我在城里给你的儿子找个对象，可以吗？”

老头摇摇头："不行，快滚出去吧！"这个人又说："如果我给你儿子找的对象，也就是你未来的儿媳妇是洛克菲勒的女儿呢？"老头想了又想，终于被儿子当上洛克菲勒的女婿这件事打动了。

过了几天，这个人找到了美国首富石油大王洛克菲勒，对他说："尊敬的洛克菲勒先生，我想给你的女儿找个对象。"洛克菲勒说："快滚出去吧！"这个人又说："如果我给你女儿找的对象，也就是你未来的女婿是世界银行的副总裁，可以吗？"洛克菲勒于是同意了。

又过了几天，这个人找到了世界银行总裁，对他说："尊敬的总裁先生，你应该马上任命一个副总裁！"总裁先生摇头说："不可能，这里这么多副总裁，我为什么还要任命一个副总裁，而且必须马上任命呢？"这个人说："如果你任命的这个副总裁是洛克菲勒的女婿，可以吗？"总裁先生当然同意了。

于是，老头的儿子没有花任何代价就成了世界银行的副总裁，并娶了洛克菲勒的女儿为妻。

这个故事虽然是虚构的，但看完后却令我们不得不赞叹那人"空手套白狼"的智慧。

许多人在通往成功的路上，往往抱怨没有资金，没有人力，没有可助自己成功的资源。其实，这话按常规理解没有错。但是，如果人的头脑足够灵活就完全可以借助"空手道"的博弈智慧取得成功。

那么什么是"空手道"？用科学的语言来描述，就是通过独特的创意、精心的策划、完美的操作、具体的实施，在法律和道德规范的范围之内，巧借别人的人力、物力、财力，来获取成功的运作模式。

孔明发明的草船借箭法就是“空手套”的经典招数，它被后人纷纷效仿，也被应用于生活的各个领域。

有一位年轻人，最大的嗜好就是喂养鸽子。然而随着鸽群队伍的逐渐增大，他的经济状况越来越拮据。面对财政上出现的赤字，他除了焦急也无可奈何。

直到有一天，他被离家不远的街心花园里的几只小鸟触动了灵感。那是几只在此安家落户的野鸟，适应了人来人往的都市氛围，有时一些游客顺手丢些零食，它们会乖巧地啄食。见此情景，年轻人联想到了自己的一群鸽子。

于是，在一个假日，年轻人将自己的鸽子带到了街心花园里。果然不出所料，前来游玩的人们纷纷将玉米花抛向鸽子，又逗又玩，有人还趁机照相。一天下来，鸽子吃饱了，省下了年轻人一天的饲料钱。这个年轻人没有就此满足，他想到了一个更加绝妙的主意，就是在花园里出售袋装饲料，既可以盈利，又可以喂养鸽子。

年轻人辞去了原先的工作，专门在公园内出售鸽子饲料，收入居然超过了以前的薪水，又省下了喂养鸽子的大笔开销，同时可以终日逗弄自己心爱的鸽子，真所谓“一举数得”，街心花园也因此出现了一个新的景点。

用游客的钱喂自己的鸽子，同时还可盈利，年轻人这一巧妙的暗借，将孔明先生的妙计继承并发挥得淋漓尽致。

当然，空手道的招数还有很多，只要我们拥有知识，拥有智慧，自然会运用各种空手道的智慧去实现多赢博弈。

贪心让人成为笨蛋

有一个关于财富的神话，告诫人们如何对待财富。在遥远的古代，就在米达斯国，国王觉得变得更有钱才能让自己快乐，于是和神商量让自己拥有神奇的力量。神答应了他，让他自己的手指头无论碰到什么东西，那东西立即就变成黄金。在拥有了“金手指”后，国王的快乐并没有持续多久。他痛苦地发现，自己既不能吃，也不能喝，美味在他嘴里变成了黄金，最糟糕的是他亲吻自己的女儿时，最爱的女儿也变成了黄金。国王这才意识到真正让自己快乐的并非是金钱，神接受了他的忏悔，恢复了他平静而幸福的生活。

这个故事告诉，我们人的索取要有一定的限度，如果过分地追求金钱就会失去自己原有的乐趣，在金钱的追求上要适可而止。

德国剧作家、文艺理论家莱辛曾经写过一个《仓鼠和蚂蚁》的故事：

“可怜的蚂蚁们，”一只仓鼠说，“为了屯集这么一点粮食，你们千辛万苦地劳作，忙活了整整一个夏天。这值得吗？真该让你们看看我的储备粮！”

“听着，”一只蚂蚁回答道，“就因为你储藏的粮食比你所需要的多得多，所以人类才要把你从泥土里挖出来，把你的粮仓掏空，让你用性命来替你那贪婪的强盗行为赎罪：他们这样做太合理了！”

一个贪心的人到一个国家找到国王，说想要一块地。国王说：“只要你能在太阳落山之前走回来，从这儿到那个标记之间的地就都是你的了。”结果太阳落山了，那个人却没有走回来，因为走得太远，他累死在路上了。

一字言之，皆因为“贪”。如果给你过于沉重的黄金，你也拿不走；给你过轻，你觉得太少，还想多要，这就是人的本性。本性有它的自然规律，但本性一旦违反了神灵赋予的自然规律，会受到有许多惩罚的。

在人生的旅途中，每过一个时期，或每走一段路程，我们不妨回头看看身后的脚印，停下来冷静地思考，千万不要被远处的海市蜃楼所迷惑，或在眼前的灯红酒绿中迷失了本性、迷失了自我，要时常问问自己：在太阳落山前，我还能走回来吗?

现实中，那些成为最后笨蛋的人，除了习惯于盲目跟风以外，往往还是贪婪的人。在博弈中，他们为了获得利益的最大化，而期待着另一个最后笨蛋的出现，结果不小心自己成了那个笨蛋。对财富的贪婪，是人性中抹不掉的一面，同时也是陷入危机的根源。

在澳大利亚，有一片草原，那里的草长得特别肥美，所以那里的羊群发展得特别快，而每当羊群发展到一定的限度，就会出现一种非常奇怪的现象：走在前面的羊群总能够吃到草，而走在后面的总是只能吃剩下的，于是后面的羊群在前面羊群吃草的时候，就会拼命地跑到队伍的前面。就这样，羊群为了争夺食物，都不愿意落在后面，这样草原上就形成了一个非常壮观的场面，羊群都朝着一个方向不停地奔跑。草原的尽头有一片悬崖，羊群跑到悬崖边缘也全然不去理会，于是整群的羊就往悬崖下跳……

一开始，羊们只是为了贪吃一点青草，但为了争夺这一点青草，最后却贪“吃”了自己。

当贪念开始升起时，别忘了提醒自己，贪念会把你带到悬崖。

在北极圈里，北极熊几乎没有天敌，然而，爱斯基摩人却能轻易地把它们捕获。

原来，北极熊有一个嗜血如命的特性，爱斯基摩人正是利用了它们的这个嗜好。他们把动物的血冻结成冰，中间藏进一把双刃匕首，然后把这种精心制作的冰块扔在雪原上。当北极熊闻到血冰块的气味时，就会迅速赶到，并开始贪婪地舔着血冰块。舔着舔着，北极熊的舌头渐渐麻痹，刀刃划破了它的舌头，鲜血一个劲地涌出来，随着不断地舔下去，刀口越划越深，鲜血越涌越多，最后北极熊因失血过多，休克晕厥过去，从而轻易地落入了爱斯基摩人的手心。

当心，那些可以将你喂饱的，也可以将你喂死啊。

在内蒙古草原上，有一种鼬鼠。鼬鼠整天忙忙碌碌，不停地寻找着食物，然后把吃不完的食物储存到洞穴里。据统计，鼬鼠一生要储存20多个“粮仓”，足够十几只鼬鼠毕生享用。

然而，你们知道鼬鼠最后是怎么死的吗？它们最后都是饿死的!

饿死的，这怎么可能呢？拥有众多“粮仓”的鼬鼠，按说应该“丰衣足食”地安享晚年才是呀，怎么可能饿死呢？

原来，鼬鼠晚年走不动的时候，就会躲进自己的“粮仓”里，但它们必须经常啃咬硬物磨短两颗门牙，否则就会因门牙无限生长而无法进食。但它们早先在“粮仓”里并没有储存硬物，结果因没有硬物磨牙致使门牙不断生长，老长的门牙让鼬鼠无法进食，最后饿死在粮堆上。

也许你会感叹：这鼬鼠也太愚蠢了！为什么当初在储存粮食的同时不储存一点石子等硬物呢？鼬鼠是一种很有灵性的动物，从它储存粮食这一点上就可以看出来。鼬鼠不是因愚蠢而饿死，而是饿死在自己的贪欲上。贪欲使它只看到粮食，而看不见石子，看不见粮食以外的任何东西。它陷入贪欲的陷阱里，看不见隐患，看不见潜在的危机，看不见明天与未来，是贪欲葬送了它。

聪明的人，有时却犯着鼬鼠一样的错误!

有一位老人，退休后闲暇无事，总想着如何发大财，看到一些人买彩票中了大奖，他便跃跃欲试。如果是小打小闹，碰碰运气倒也罢了，而他却把全部积蓄拿出来每期必买，以为投入越多，中奖的几率就越大，有人劝他不要冒这样的风险，他哪听得进去，依然全身心地投入买彩票。每期开奖前他都忐忑不安，精神高度紧张，得知自己未中奖便陷入烦恼和焦虑之中。这样几年下来，20多万元的投资全部打了水漂，老婆孩子都埋怨他财迷转向，他的情绪坏到了极点，甚至连跳河上吊的念头都有。多亏大家相劝：钱财都是身外之物，生不带来死不带去，况且每月还有退休金，生活不会有大问题，这样他的情绪才慢慢稳定下来。这位老人的教训就在于“不知足”，贪财欲望过高。

在股票市场里，每个人都很清楚贪婪和恐惧很难赚钱，因为贪婪而利润回吐，因为恐惧而买不到便宜的筹码，都无法操作得当，轻松赚钱。而往往随缘，以平常心来对待，既不会对上涨贪得无厌，也不会对下跌恐惧害怕，“人弃我取，人要我予”，这样的投资者通常可以获得丰厚的收益。

但是目前国内投资者大致有两个特点，用4个字概括正是贪婪和恐惧。有的人买了股票，当收益达到10%的时候，他捏着不卖，想再赚一些，等到收益20%的时候，他还是捏着不卖，然后一场震荡来临，不但收益全部还了回去，连本金都损失了。

大家必须要明白的道理是，在理财时，一定要有一个合理的预期，莫把理财当成发财。理财的两大“公理”，首先是量体裁衣，根据自己的资金特点和风险承受度来选择金融理财产品；其次，永远不要把所有的鸡蛋放在一个篮子里。

资本市场中人们不能太贪心。贪婪是搏傻的大忌。在投资的时候，一定要保持理智的头脑，不要觉得一个产品稳赚不赔，就全部投入，这样会让你承担的风险变得很大，超出了你能承担的能力。不要被一时的利益冲昏了头脑，为了获得再多一点再多一点的利益，你很有可能错过了最好的卖出时机。

如果不想成为最大的笨蛋，一定记得投资要量力而行，不要贪婪，在市场上赚你应赚的钱。

第六章

抱团打天下
——管理中的心理博弈

如今，企业与员工的关系是相互对等的，是相互选择的博弈。企业对员工的选择，或者员工对企业的选择，都应具有流动性和动态性，而不应是固态性和僵化性的。但是从企业与个人都需要的稳定性来说，员工和企业的相互关系应该是一个强调合作的良好组合关系，博弈心理学就在管理中发挥着至关重要的黏合作用。

管理者的预期决定博弈结果

有许多人认为：在计划经济时代，企业员工缺乏激励，偷工减料，效率低下，因为是吃大锅饭没有足够的动力；而在市场经济下，企业有赚取利润的驱动力，自然企业都会努力降低成本，提高效率以赚得更多的利润。

实际上，即使在市场经济体制下，企业员工也并不都是个个勤奋，人人努力。一般的企业领导人采用的不过是古已有之的胡萝卜加大棒的方法来统驭下属。

管理学家孔兹对领导的界定是："领导可定义为影响力。它是影响他人，并使他们愿意为达成群体目标而努力的一种艺术或方法。这种观念可以扩大到不仅是使他们愿意工作，同时也愿意热诚而有自信地工作。"其中最关键的理由是"影响他人使他们愿意为达成群体目标而努力"。管理者为了对组织的负责，达成企业"群体目标"，必然用一种艺术或方法去影响被领导者，使之愿意工作，甚至是热情而自信地工作。

对于下属来说，管理者的信用、权威必须要通过管理者长时间发给下属的各种信号与相互之间的良好交流才能达到。比如一个民营企业的老总若要建立起良好的名誉，必须乐意给下属高出劳动力市场上一般的福利待遇，让下属认识到企业对员工的关心与认可。

权威本身也要具有伟大的人格，优良的品质和出众的才能。权威不能脱离群众，也要采纳群众的意见。只有部属能尊重上司的权威，而上司也能采纳部属意见的公司，一切才可以顺利推动。

领导者与员工交流能够大大提高领导者建立信誉的能力。领导者若无法得到员工的尊敬，上下级之间就会相互猜疑，信息沟通极少。尊重员工以及敢于谈论他们自身缺点的领导者将赢得下属的尊重。一旦员工信任并尊敬一个领导者，真正的进步就成为可能。

管理者应该能够帮助员工建立对未来的预期。对未来的预期，是影响员工行为的重要因素。预期分为预期收益和风险，也就是员工这样做将来会有什么好处，同时这样做又可能面临的问题。这些将影响员工个人的策略，如员工是否会将精力真正地投入到企业的成长中。

有这样一个有趣的故事。一只绰号叫“无敌手”的猫打得老鼠溃不成军，最后老鼠几乎销声匿迹了。残存下来的几只老鼠躲在洞里不敢出来，几乎快要饿死。“无敌手”在这帮悲惨的老鼠看来，根本不是猫，而是一个恶魔。但是这位猫先生有个爱好：喜欢向异性献殷勤。

有一天，这只猫爬得又高又远去寻找相好。那些残存的老鼠来到了一个角落里，就当前的迫切问题召开了一个紧急会议。一只十分小心谨慎的老鼠担任会议主席，一开始它就建议必须尽快地在这只猫的脖子上系上一只铃铛。这样，当这只猫进攻时，铃声就可以报警，大伙儿就可以逃到地下躲藏起来。会议主席只有这么个主意，大伙儿也就同意了它的主张，因为它们都觉得再没有比这个主张更好的建议了。但问题是怎样把铃铛系上去。没有哪只老鼠愿意去系这个铃铛。到了最后，老鼠们什么也没做成。

给猫系上铃铛无疑是一个绝妙的主意，但对于一群已经被吓破胆的老鼠来说，这个主意只是无法实施的美好梦想而已。在企业中，道理也是一样的。

对于一个管理者来说，应该本着务实的精神，制订切实可行的计划，让他的团队有一个可以实现的目标，而不是作出一个不可能实现的决定，同时管理者要对这个目标作出承诺。在承诺的同时，上下级之间要能够相互沟通，建立一个交流网络来寻求共同的价值观与信念。同时，管理者能够以身作则，以自己的个人行为作为员工学习的典范。

许多公司现在也开始在一些社会议题上彼此互相合作，同时也透过一些公有与私有合伙关系的重组，以及制作各种保护环境，改善教育水准，发展提升医疗保健等计划，来回馈社会。在这里，就有许多机会，可以吸引各行各业以及各层面的优秀分子的注意。

通过领导者自己与下属之间的“互动过程”，有效地协调子系统之间的竞争与合作关系，树立领导权威，促进系统的有序化，这才是现代领导的本质所在。显然这种领导权威不是领导者个人素质的单独结果，而是领导者与下属双方相互作用的结果。这也是有别于传统的新理念。

在中国企业发展的进程中，管理者更应该从博弈论中学习到发挥更大作用的方法与技巧。当然，由于职业化管理的条件不成熟，企业家主导经营管理的模式还将一直持续相当的时间。

老板与经理人的“较劲”

老板与职业经理人之间是一种博弈关系，那么如何博弈，如何建立一个良好的老板与经理人合作机制，也就是必须思考的问题。

在博弈的基础上建立良好的声誉这是首要的，这就代表着一种有效的信任机制的建立。通过建立这种机制，不但可以用对未来惩罚的恐惧约束自我的机会主义行为，还可以用重复博弈，提高退出成本的办法约束别人的行为。这有两方面的意义，对于企业来说，在一个信息迅速流动、重复博弈的市场经济体制下，无法做到长期欺骗；对于经理人而言，声誉的好坏将决定其身价的高低。其次，要建立合理的股权激励。第三，我国还处于经理人阶段，经理人还存在道德风险问题。对于这个问题的解决，一方面要采用大股东入注的方式，加大监督力度；另一方面，要采取缓慢进入，经过较长时期的磨合再签订合约的方式。

在研究出资人与经理人合作机制时，理论上比较偏重于关注如何保护出资人的利益，但如果从我国的现实来看，则存在着经理人利益得不到保证的可能。对于一个市场经济发展初期的国家来说，相对于老板，经理人是弱势群体。由于这个群体还没有形成统一的社会机制，所以其利益是无法保证的。

市场机制是一种均衡机制，所以只有双方的利益达到均衡点，才能实现交易。因此，在一个经理人处于弱势的市场环境中，合作机制的取向应当偏重于经理人。

从以上的结论可以看出，老板与经理人博弈问题的核心，实际上是一种经济利益的规范，即老板与经理的权责分担和利益分配的规范。

在这样一个规范下，合约的规则问题是交易双方所面临的第一个核心问题。由于交易容易产生纠纷，所以交易的双方要事先签订合约。合约是交易的法律基础，但是合同是对将来可能发生的事情的规定，它无法防止意外。因此在老板与经理人的交易中既要有合约，又不能完全依赖合约。交易的双方要有合作精神。但是在现实中，由于合同的不完善与合作精神的缺乏，经理人往往会吃亏。

比如某个大型私营企业，由于老板对总经理产生了不信任感，而合约中将总经理的业绩与收益挂钩，于是老板采取明升暗降的办法想使总经理达不到业绩而无法拿到报酬。总经理一怒之下愤然辞职并带走了企业的100多位员工。另一个企业登广告以年薪50万元聘请销售部经理，但3个月适用期一满，就立即辞退了他。由这两个案例可见，经理人在签订合约时，不仅要规定合约的结果，还要规定执行的过程。只有通过合约建立一个公平、合理的机制，最终才会达到所要的目的。

企业核心资源的垄断性与替代性是第二个核心问题。企业发展的关键是企业的核心资源，谁掌握了它，谁就把握了企业发展的命脉。经理人的普遍想法是努力做大自己的一块，使自己所掌握的部门成为企业的核心资源，这样就有了与老板谈判的能力，从而获得企业决策权。所以营销经理成为总经理以后，往往会加大对营销部门的投入，而研发部门的经理上台后，也会加强对研发部门的投入。老板要想消除经理人对企业核心资源的垄断，就必须寻找一个替代品。比如说在每个关键部门安插几个副手，以便降低经理人讨价还价的能力。

短期与长期的问题是第三个核心问题。对于一个注重长期行为的企业来说，股权的激励是不重要的，更重要的是以人际关系为代表的非正式制度规则对个人所带来的意义。例如，日本的企业不鼓励流动，经理人的退出成本很高，一个总经理如果离开原来的企业，他不可能立刻就在其他企业做总经理的。经理人与工人的工资比例也很低。起关键作用的是退休金十分高。这就以长期收益补偿，制约了短期行为。而与此相反，在一个注重短期行为的企业中，则具更多正式的契约，更少非正式的规则。所以美国的企业中，经理人频繁的跳槽不但不会降低他们的身价，反而会被视为具有丰富经验的表现。

从以上两种企业的对比看，短期博弈的关键是合约，而长期博弈的关键是非合约的非正式制度规则。

远离尴尬的“夹心层”

中层管理者有其位置上的难处。做个优秀员工可以说不难，只要肯付出、有能力、不断进步，具备很好的执行力，同时与同事搞好人际关系就是一名非常优秀的员工了。但是要做好管理者，尤其是中层管理者就不那么容易了，可以说非常难。

与下属的关系走得太近，很多制度难以执行，也会引起上司的怀疑和不满；要求太高，会被员工认为是苛刻，会被孤立起来，也会产生负面影响，不是员工反抗厉害，就是该管理者丧失继续做下去的激情和勇气。

与上司相处也要注意很多的问题，如果自己做主太多，难免会有越权的嫌疑，但是汇报过多，也难免产生能力有限的定论；还要注意自己的下属、同级是否会有小人存在，全力工作的同时还要注意平时的一言一行，既不能太张扬，又不能默默无闻。做了工作还要善于汇报，否则领导也许会忘了你在辛辛苦苦的工作。与同级别的管理者也要注意言行的分寸。

中层管理者的管理价值的体现，一是实现目标，二是培养人，三是树立并弘扬价值观。众所周知，管理一半是科学，一半是艺术。以八卦阴阳图类比，黑白之间“度”的把握，不仅反映出中层管理者的个人水平，更是管理价值发挥的关键。管理的问题千头万绪，对于中层管理者而言，郭仕纳入主IBM时的原则性管理思路值得借鉴。

第一，“实现目标”的管理原则。

中层管理者的目标责任，首先是那些对公司整体目标影响最为直接、重要的目标，这些目标直接对外部客户价值产生作用；其次，才是作为“运作单元”在运营系统和内部流程中的角色和功能的发挥；最后，才是作为组织中的一名“员工”个体角色与责任的履行。

原则一：理解先于管理，多与上级交流，少与内心对话。

中层管理者工作的有效性，首先来源于对“目标”的认识。中层只有站在“高层”——企业高度、战略层面，才能认清楚本部门的目标必须是什么、必须在哪里、必须达到怎样的目标状态，才能准确地把握部门的工作方向和重点，而这是实施管理行为的起点。做到这一点，一定需要与上级，或者高层领导团队多沟通、多交流，而不是拿着文件机械地阅读和思考——认为自己想明白了就可以了。即便是自己想得明白，也需要在与上级的沟通中获得共识、共鸣。

原则二：管理先于执行，多一份精力把握整体，少一份心思关注微观。

中层管理者对部门的整体目标负责，工作的重点，管理“目标”先于管理“工作”，界定成果先于盲目行动。因此，应多花时间与团队就部门目标的意义与内涵达成共识，就目标分解与行动计划达成共识，更应多花时间从整体目标衡量个体工作的成效，围绕成果评估业绩、制订改进计划。中层管理者不能忘记“最终目标”和“部门责任”，否则容易陷入细节，容易热衷于获得个人成就，容易过度关注控制员工的具体行为，也容易因个别人、偶然事件作出错误的影响全局的决策。

原则三：长短期价值并举，多一分重视组织能力，少一分得意当期成果。

中层管理者个人的发展——诸如工作回报的递增、职业能力的提升，源于个人对组织的贡献，以及能够创造未来贡献的、更能获得他人（组织）信任的可能性。因此，不仅要有能力获得当期业绩，更要有能力创造预期业绩。中层管理者必须注重如何在实现当期业绩的过程中，积累和培育可持续发展的组织能力。这种组织能力，可能是一些有形资源，如客户、人才、技术等，也可能是诸如团队士气、组织氛围等等。一个只能管理好有形业绩、达到能量化的“结果”的人，不是真正的管理者。

第二，“培养人”的管理原则。

培养适应组织明天需要的人才，是中层管理者“领导力”提升的非常重要的标志。培养人才，第一步要识别人才，洞悉组织“明天”的人才标准，明晰管理的方向；第二步“选对”人才，能够发现有潜质的员工，并将他作为“因材施教”的对象与部门目标相连；第三步才是培养人才，培养的重点在于“用”，在任用中观察、评估、锤炼、激励。

原则一：人才标准，应多与外部对标，少与内部对标。

中层管理者看人、选人的标准，首先，决不能是个人的标准——源于个人偏好的管理者对员工而言甚至意味着职业灾难；其次，不能局限于部门内部——不能限定在完成岗位或部门工作产生的要求范围内。完成部门或岗位工作的要求，仅仅是人才标准最基本的内容；第三，这种标准不能与企业的标准、外部市场的标准相违背，即人才标准必须包含着企业的特定要求，必须体现出与外部市场通行标准的一致性（比如职业素养）。

原则二：培养人才，多“用其所长”，少“急其所短”。

对于大多数管理者而言，“把人用好”是最现实、最重要，也是最有难度的工作。在绝大多数的企业里，找到完全满意的人才更多是一种期望。因此，“用人”成为重心。传统的管理经验是“关注失败”，即从“病态模型”出发，选拔人时根据他的经验、智力和决心，提出要求时规定“正确的步骤”，通过帮助其识别和克服习惯弱点以激励人，通过帮助其学习和获得提升以培养人。现在的管理理念更关注人的成功和优势。即选拔人时，重在选才干，不仅仅是看经验、智力或决心；提出要求时重在界定正确的结果而不是正确的步骤；激励人时，重在发挥优势而不是克服弱点；培养人时，重在帮助他寻找最适合他的位置而不是一味“升职”。因此，识别员工特殊的才干、赋予恰当的任务、在承担责任中历练，成为有效的人才培养方式。

第三，“树立并弘扬价值观”的管理原则。

组织文化与工作氛围是知识工作者创造价值的必要条件，树立并弘扬明确的价值观，是管理者文化建设、营造氛围最重要的任务。这种价值观，不仅指那些有利于催化智慧、创造业绩的观念与行为，更包括人性向善的道德修养和社会责任感，同时也包括指引个体追求有意义人生的理想和追求。

原则一：多说也要多做，明确标准与管理活动并重。

有句说得好："思想决定行为、行为决定习惯、习惯决定性格、性格决定命运。"发挥思想、意识、观念这些意识形态的巨大能量，一方面需要将无形的思想"有形化"，即树立明确的价值标准，阐明价值观的内涵，并深入人心，更重要的是体现于人物（员工）、事件、活动的管理过程中（这些管理活动诸如员工绩效沟通、年度先进评选、竞聘上岗等），将价值标准表现在活生生的管理活动中。

企业倡导的价值观、部门倡导的工作文化，需要中层管理者既要"摆事实"，也要"讲道理"，结合每一天要做的工作、已经发生的事情重复、重复、再重复。

原则二：多一点言传身教，少一点权势压人。

改变和强化员工的意识和观念，毫无疑问是管理者面临的挑战。这种挑战，不仅意味着要像真正的传教士一样，将弘扬价值观视为管理者的使命；更大的挑战，则是实现自我管理，要像真正的传教士一样，将学习——思考——实践、检讨——反省——磨砺作为每一天的必修课，严于律己，以身作则。要求员工以客户为中心，自己却对其他部门的要求推三阻四；要求员工提高"执行力"，自己却为没做完的工作找借口……此类言行不一的管理无异于掩耳盗铃——自我感觉良好却身陷困境。因此，培养人才，同时也包含了管理者"自我发展"的责任，实现发展必须在个人修炼与管理他人两个领域获得成果。

实际上，中层管理者的三大任务，从三个贡献领域界定了中层管理者的"管理价值"之所在，这三个方面，是三位一体而非完全相互独立的领域，坚持这些有价值的管理原则，在创造某一方面价值的同时，也会在另外两方面获得了成就。

让员工从心理上认同企业

“主人翁精神”经过改革开放大潮的洗礼，在现今物欲横流、金钱至上的社会现实中，很少有人再提起它了。现今，许多员工对企业的“人身依附”心理已经大大减弱。在联想公司，许多员工喊出的“公司不是我的家”，其实这已经深入人心，为广大的打工一族所普遍接受。付出就要有回报并不过分。而从公司的角度出发，付出薪酬的前提是员工为公司作出相应的贡献。在公司和员工既“相互依赖”，又“相互争斗”的博弈中，最直接的表现形式就是薪酬。

薪酬是员工与企业之间博弈的对象，这一过程与“囚徒困境”很相似。由于员工和企业很难有真正的相互认同，双方始终在考察对方而后决定自己的行为。员工考虑：拿这样的薪酬，是否值得付出额外的努力？企业又不是自己的，老板会了解、认同自己的努力吗？公司会用回报来承认自己的努力付出吗？公司方面考虑：员工的能力，是否能胜任现在的工作？给员工的薪酬待遇，是否物有所值？员工会否对公司保持持续的忠诚？

有一个这样的故事：一个企业经营者跟朋友闲聊时抱怨说：“我的秘书李丽来了两个月了，什么活都不干，还整天跟我抱怨工资太低，吵着要走，烦死人了。我得给她点颜色看看。”朋友说：“那就如她所愿炒了她呗！”企业经营者说：“好，那我明天就让她走。”“不！”企业经营者想了想又说，“那太便宜她了，应该明天就给她涨工资，翻倍，过一个月之后再炒了她。”朋友问：“为什么？既然要她走，为什么还要多给她一个月的薪水，而且是双倍的薪水？”企业经营者解释说：“如果现在让她走，她只不过是失去了一份普通的工作，她马上可以在就业市场上再找一份同样薪水的工作。一个月之后让她走，她丢掉的可是一份她这辈子也找不到的高薪工作。你不是想报复她吗？那就先给她加薪吧。”

一个月之后，该企业经营者开始欣赏李丽的工作，尽管她拿了双倍的工资。因为她的工作态度和工作效果和一个月之前不可同日而语。这个经营者也并没有像当初说的那样炒掉她，而是重新重用。

从这个企业经营者角度看，他可以说是运用博弈的理论，通过增加薪酬使员工发挥出实力。如果当初他就把李丽炒掉，这势必给双方都带来一定的不利。而所谓的博弈就是双方实现共赢。

但如果从公司的管理角度看，这个故事说明了一个现象：许多员工在企业工作中，经常不断地在衡量自己的得失，如果认为企业能够提供满足或超过他个人付出的收益，他才会安心、努力地工作，充分发挥个人的主观能动性，把自己当作企业的主人。但是，很难判断、衡量一个人是否有能力完成工作，是否能够在得到高薪酬后，实现老板期待的工作成绩。老板经常会面临着决策的风险。

由于员工和企业都无法完全地信任对方，因此就出现了“囚徒困境”一样的博弈过程。企业只有制定一个合理、完善、相对科学的管理机制，使员工能够获取应得报酬，或让员工相信他能够获得应得报酬，这样员工才能心甘情愿地努力工作，从而实现企业和员工的双赢结局。

在博弈的过程中，员工在衡量个人的收益与付出是否相符合时，会有三个衡量标准：个人公平、内部公平和外部公平。

所谓的个人公平就是员工个人对自己能力发挥和对公司所作贡献的评价。是否满足于自己的收入标准，取决于自己对个人能力的评价。如果他认为自己是高级工程师的水平，承担着高级工程师的工作任务和责任，而公司给予的却是普通工程师的薪酬待遇，员工自然就会产生怨气，就会出现两种结果：或是消极怠工，或者是选择离开。

企业要想保证个人公平，最重要的就是量才而用，并为有才能者创造脱颖而出的机会。一味地说教、强调奉献不但无济于事，更是对员工的欺骗和不尊重。海尔的人才观是“赛马不相马”，说的并不是不需要量才而用，而是说不以领导对个人的评价作为竞争评价标准，而是以一套公正透明的人才选拔机制，用个人在工作中的实际绩效作为评价机制和评价标准。要保证个人公平，还应该事先说明规则，保证让双方明白相互间的权利和义务。

员工相互之间的比较衡量就是所谓的内部公平。对于企业的分工来说，个人是无法完成工作的各个工序，需要团队间的相互协调、配合的。很难判断一个员工对企业做出的贡献，也很难在岗位相近的员工之间，进行横向比较。而过多人工干预、领导对员工的主观评价，进而反映在薪酬待遇上，起到的不是激励员工的积极作用，而多是消极作用。公司只有统一的薪酬体系，科学的岗位评价和公正的考核体系，才能保障内部公平。

外部公平主要是员工个人的收入相对于劳动力市场的水平。科学管理之父泰勒对此有深刻的认识，他认为，企业必须在能够招到适合岗位要求的员工的薪酬水平上增加一份激励薪酬，以保证这份工作是该员工所能找到的最高工资，这样，一旦员工失去这份工作，将很难在社会上找到相似收入的工作。因此，一旦员工失去工作，就承担了很大的机会成本。只有这样，员工才会珍惜这份工作，努力完成工作要求。

很多公司在招聘人才时，都强调公司实行的是同行业有竞争力的薪酬标准。什么叫有竞争力的薪酬待遇？就是在同业之间的薪酬比较。比如说，一个软件架构设计师，在外企的薪酬是每月三万元人民币，而同一行业、同一相类产品的国内公司，要想聘请到同档次的软件架构师，你的薪酬水平就不能低于外企的薪酬水平。

以上三方面也是员工表现对于企业不满的主要原因，其中薪酬设计考虑的关键因素是内部公平与外部公平，个人公平虽然难以从外部表现来衡量，但对于员工积极性的影响也是实实在在的，企业需要通过与员工的沟通，缩小双方的认识差距。让员工认识到自己劳动的价值，在市场上的真正价值，珍惜自己的工作岗位，满意于企业给予自己的待遇。

在员工与企业的博弈中，员工要满足于企业给予的薪酬水平，企业也要对优秀的员工给以薪酬上的回报。这样，双方的博弈就能达到阶段性的力量均衡，从而实现共赢。

绩效考核中的微妙战争

在职场中，绩效考核是人力资源工作的一项重要组成部分，历来受到人力资源工作者的重视。人力资源工作者往往希望员工及用人部门能够提供客观公正的原始资料，但在实际工作中，由于绩效考核运作模式往往直接影响到员工的个人收入，员工倾向于有意高估自己的工作绩效，以追求个人利益最大化；而用人主管人员为了避免挫伤员工积极性，而采取尽可能在本部门内部解决问题的方式，客观上纵容了员工的行为。由于人力资源部门所收到的原始资料缺乏应有的价值，因而在考核管理中，人力资源部门应有的权力制衡作用受到削减，对企业及员工个人发展产生不利影响。

为了避免员工有意高估问题产生，许多企业采取单纯的上对下评估的方式，但这种做法使员工完全失去了考核权力，往往降低了员工工作积极性及满意度，进而影响到企业的长期发展；另一方面，由于主管的权力过大，加上部门主管不可能都具有较高的人力资源管理水平，尤其在部门主管管理水平偏低的情况下，有可能限制了一部分员工的发展，从而增加了公司员工，特别是重要员工的流失率。

在一个团队中，有的人能力突出而且工作积极努力，相反，有的人工作消极不曾尽心尽力，或者因能力差即使尽力了也未能把工作效率提高，这在无形中便建立起了“智猪博弈”的模型：一方面，大猪在为团队的总体绩效也包括自己的个体利益来回奔波拼命工作，另一方面，小猪守株待兔坐享其成。长此以往，大猪的积极性必定会慢慢消退，逐渐被同化成“小猪”，届时，团队业务处于瘫痪状态，受害的不仅是其单个团队，而且也会伤及整个公司的总体利益。

那么，如何使用好绩效考核这把钥匙，恰当地避免考核误区，既能做到按绩分配，又能做到奖罚分明呢？从“智猪博弈”中可以得到以下几种方案。

方案一：减量。仅投原来一半分量的食物，就会出现小猪大猪都不去踩踏板的结果。因为小猪去踩，大猪将会把食物吃完；同样，大猪去踩，小猪也将会把食物吃完。谁去踩踏板，就意味着替对方贡献食物，所以谁也不会有踩踏板的动力。其效果就相当于对整个营销团队不采取任何考核措施，因此，团队成员不会有工作的动力。

方案二：增量。投比原来多一倍的食物。就会出现小猪、大猪谁想吃，谁就会去踩踏板的结果。因为无论哪一方去踩，对方都不会把食物吃完。小猪和大猪相当于生活在物质相对丰富的高福利社会里，所以竞争意识不会很强。就像在营销团队建设中，每个人无论工作努力与否都有很好的报酬，大家都没有竞争意识了，而且这个规则的成本相当高，因此也不会有一个好效果。

方案三：移位。如果投食口移到踏板附近，那么就会出现小猪和大猪都拼命地抢着踩踏板的结果。等待者不得食，而多劳者多得。每次踩踏板的收获刚好消费完。相对来说，这是一个最佳方案，成本不高，但得到最大的收获。

很显然，方案三是最好的选择。当然，这种考核方法也存在它的缺陷性，但没有哪一种考核方法能真正让人人都觉得公平。

另外，“囚徒困境”也可以用来分析考核与被考核的关系。在这个博弈中，两个博弈方对对方的可能决策收益完全知晓并各自独立作出策略选择。每个博弈方选择自己的策略时，虽然无法知道另一方的实际选择，但他却不能忽视另一方的选择对自己决策收益的影响，因此他会根据对方两种可能的选择分别考虑自己的最佳策略。

博弈双方在决策时都以自己的最大利益为目标，结果是无法实现最大利益或较大利益，甚至导致对各方都最不利的结局。可以看出，由于一方的决策结果都将受到另一方选择的影响，所以在囚徒困境中不存在占优策略均衡，即该博弈的具有稳定性的解是两博弈方共同选择坦白策略。

在绩效考核运作中，实际是对员工考核时期内工作内容及绩效的衡量与测度，即博弈方为参与考核的决策方；博弈对象为员工的工作绩效；博弈方收益为考核结果的实施效果，如薪酬调整、培训调整等。

由于考核者与被考核者都希望自己的决策收益最大化，因此双方最终选择合作决策。对于每个企业来说，这将有利于员工、主管及公司的发展。但是从长期角度看，只能是双方中有一方离职后博弈才结束，因此理论上考核为有限次重复博弈。但实际工作中，由于考核次数较多，员工平均从业时间较长，而且离职的不可完全预知性，因此可将考核近似看做无限次重复博弈。

随着考核博弈的不断重复及在一起工作时间的加长，主管与员工双方都有一定程度的了解。在实际工作中，由于主管在考核结果中通常占有较高的比重，所以主管个人倾向往往对考核结果有较强的影响力，而且考核为无限次重复博弈，因此员工为了追求效用最大化有可能根据主管的个性倾向调整自己的对策。因此，从长期角度分析，要求人力资源部门做出相应判断与调整，如采用强制分布法、个人倾向测试等加以修正。

总而言之，在公司内部形成合理的工作及权力分工，一方面可以通过降低主管的绩效考核压力，使部门主管有更多的精力投入到部门日常管理及专业发展上；通过员工能对自己的工作绩效考核拥有一定的权力，从而调动其工作积极性，协调劳资关系，将因此极大程度上推动公司人力资源管理状况。

考核与被考核存在着一种博弈关系，无论对于哪一方来说，建立一个合理的考核制度是非常重要的，都有利于双方达到利益最大化。

激励背后是信用博弈

在批评人时，我们常常听到的一句经典语言是对事不对人，借以说明和保持批评的客观态度。那么在奖励人时又当如何呢？如果从资本的本性出发来看，那么它也必然是对事不对人的；但是管理者要和具体的人打交道，尤其是在激励中出现职员对策时需要具体问题具体对待，必须处理好“对人”的个案。因此在奖励时既要对事也要对人，将两者有机地结合起来。

在实践中确实存在着叶公好龙式的经营管理者，声称要奖励职员的积极性，而一旦职员的积极性极大地涌现出来时，自己却乱了手脚，有时还会产生“功高盖主”的恐惧。但这只是问题的一个方面；问题的另一个方面是叶公确实好龙，于是龙与跳蚤都跳出来，活灵活现地要在奖励的殿堂里登堂入室，于是便演绎出一幕幕企业监管的悲喜剧，使得管理者不得不认真对待其间的是是非非。美国安然公司的财务丑闻就说明了这一点。允许企业高管持股并授以期权，作为一种制度安排并不是针对某一个“千里马”而授予的特权，安然公司也不例外。但是安然公司的高管们正是利用这种制度安排，聘请财务公司做假账，制造泡沫业绩抬高股价，然后迅速抛出所持股票，发了一笔大财，而公司的资金链条最终出现裂痕导致破产。从激励的角度吸取教训，就需要认真研究安然公司高管们在股权激励中作假的个案，在聘用或考核企业高管时，就应当认真考量其个人的诚信度。而加强对企业高管诚信度的考核，又不是对某一个高管过不去，对每一个人的考核的严格又是一视同仁的。这就是对事与对人两个方面的相互过渡，作为管理者对职员的奖励也是一样。管理者实施奖励时当然不愿意把事情弄得这么复杂，但现实却要求管理者必须这么做。正如美国管理专家米契尔·拉伯福所说，“我们宣布讲究实绩，注重实效，却往往奖励了那些会做表面文章，投机取巧的人。”为了减少这种现象，管理者在实施奖励时，必须警惕职员以人谋事，或者以事盖人的对策。

所谓职员以人谋事或者以事盖人的对策，是指当管理者奖励绩效时，职员就拼凑绩效，或者没有达到绩效时就以自己有特殊情况需要照顾为由要求享受奖励待遇；而当管理者针对某种人群的特殊性实施奖励时，职员就努力挤进这种人群，挤不进去时就以大家都在辛苦地做事，也取得了一定成绩为由要求得到“公平”的奖励。面对这两种倾向，管理者都要保持清醒的头脑，将奖励的对人与对事有机地结合起来。这样做也是由奖励的规律决定的，既重视奖励的系统性又要保持奖励的针对性。

在奖励中将对事与对人有机结合起来并非不可能，其出发点是相信每个人都可以进行激励。应当承认，一般工薪阶层是为自己而工作的，这固然增加了奖励的难度，但恰好也说明了不同类型的职员的一个重要共性：为了自己必须工作。那么，管理者只要让职员明白为企业做事就是为自己做事，每个职员就都有可能得到激励。管理者要让职员看到，他们为企业付出努力，同时得到回馈，是一个双赢的结果。除了基本的物质回馈外，回馈可以是认同、成就感，也可以是收入的提高。当然，仅仅让员工了解企业的诚意并不够，还要让员工找到说服自己为企业效命的理由，这样每个人身上都存在的激励因子就有可能被激活。

在奖励中将对事与对人有机结合起来，并不是说不讲人与事的区别，奖励为企业的目标服务首先要保证企业的事业有所成，在确定了对事的原则后，在适用具体人时要有所甄别。在现代企业中，企业激励的对象可以具体划分为权益层、经营层和操作层，对不同的层次实施不同的奖励。不同层次的奖励根据不同的分工和环节还可以进一步细化，对于操作层面的员工，可以具体到为每个员工设定恰当的目标，直至要考虑到为员工安排的职务与其性格相匹配。员工的个性各不相同，从事的工作也应当有所区别。与员工个人相匹配的工作能让员工感到满意、舒适，这本身对他们就是一种激励。如果让一个喜欢冒险的人从事一成不变的审计工作，而让一个风险规避者去炒股票，他们可能都会对自己的工作感到不满，工作绩效自然不会好，或许管理者越激励，他们越烦躁。在符合每个职工性格特质的情况下，为员工设定一个明确的工作目标，通常会使员工创造出更高的绩效。目标会使员工产生压力，从而激励他们更加努力地工作。这样实际上也是为了防止实施奖励时职工强调自己的现实差别，对管理者提出这样那样的要求，便于对个案的处理。

明确了对每个人的个别激励方案后，还要回到注意掌握处事公正的原则上。美国的一个心理学家分析，员工的工作动力来源于两个方面，第一是自己的付出和收入成正比，这个是最基本的，对于员工的影响是初级的；第二就是相对平衡报酬的影响，他会自己比较周围同事或者对社会环境中可比较人员的综合付出和收入，如果领导者有一些偏心，那么他也会感到不够公平公正，而这会使管理者前期的激励措施功效消失殆尽。管理者通过奖励给下属创造一个公正公平的环境预期非常重要，可以由此让他们有一种安全感，感到跟着这样的领导自己不会吃亏，这样才不会费尽心机在激励中与管理者博弈，即使他们提出一些问题，管理者也能圆满化解可能出现的矛盾，保持竞争和按劳分配的合理性。

管理者很少能做到是百分之百对事不对人，一定要（只能）既对事又对人。

内部管理，不妨“分槽喂马”

领导的核心任务是选贤任能，领导就不可避免地面临一个巨大的挑战，那就是如何才能让人才满意、把人才留住。

有个老先生养了两匹千里马，准备合适的时候出手卖个好价钱。所谓“人不得外财不富，马不吃夜草不肥”，养马必须要勤快，要每晚起来给马喂草添膘。尽管老先生很勤快、很努力，但是他很快还是发现了问题，就这么辛苦，几个月下来，两匹马没有长膘反而掉膘了。原因何在呢？有问题找专家，他把“马博士”请来了。“马博士”来了一看就明白了，他告诉老先生，马不好好吃东西，关键就是因为把两匹千里马养在一个马厩里，让它们在一个槽里吃东西。每次吃东西的时候，两匹马又踢又挤，你争我抢，根本不能安心吃草料。解决方案就是把马分开，为两匹千里马准备两个食槽，让它们分开吃。一试果然有效，两匹马很快就变得膘肥体壮。这就叫作“分槽喂马”。

分槽的精髓就是“不能安排两个能人一起去做同一件事情”。两个实力相当的人才就好比两匹千里马，在一起的时候即使不互相争抢，也难免互相妒忌、互相攀比，难以专心做自己该做的事情，因此还不如分开。比如《水浒传》中，宋江和卢俊义每次出兵的时候都是一个人领一支队伍各挡一面，这就是典型的分槽策略。

还是这位老先生，他卖了马之后，决定养点省事的，晚上不用添草料就能上膘的，于是养了两头猪。但令他困惑的是小猪越来越挑食，而且不上膘。有问题找专家，他把“猪博士”请来了。“猪博士”来了一看就乐了，他跟老先生讲，哪有养猪还打隔断分开养的啊，要让猪上膘办法很简单，把两个猪圈合成一个，让两头小猪在一个槽里吃东西就可以了。道理其实很简单，两个小猪在一个槽里吃食，有了争抢，于是就会吃得更香。老先生一试，果然灵验。

把猪卖了以后，老先生想了，“马博士”说分开好，“猪博士”说合起来好，那到底是分好还是合好呢？答案很清楚，要看对象。千里马需要分槽喂养，各有所专，各负其责；而正在成长中、尚未成熟的小猪需要合槽，给它们一个竞争的平台，让它们快速成长，等成熟后可以独当一面了再分槽。

找准“兴奋点”诱导合作

美国《纽约日报》总编辑雷特身边缺少一位精明干练的助理，他便把目光瞄准了年轻的约翰·海。而当时约翰刚从西班牙首都马德里卸任外交官一职，正准备回到家乡伊利诺伊州从事律师职业。

雷特请他到联盟俱乐部吃饭。饭后，他提议请约翰·海到报社去玩玩。从许多电讯中，他找到了一条重要的海外消息。那时恰巧国外新闻的编辑不在，于是他对约翰说：“请坐下来，为明天的报纸写一段关于这消息的社论吧！”约翰自然无法拒绝，于是提起笔来就写。社论写得很棒，于是雷特请他再帮忙顶一个星期、一个月，渐渐地，干脆让他担任这一职务。而约翰也在不知不觉中对这份工作产生了浓厚的兴趣，回家乡做律师的计划提得越来越少，最后就留在纽约做新闻记者了。

如前所述，合作能为博弈双方带来正和结局。但是博弈之初，很多人因暂时看不到合作能给自己带来的利益而拒绝合作。此时，如果直接劝服他人与自己合作，或参与到某件事中，往往容易遭到拒绝，且没有回旋的余地。我们应该向故事中的雷特学习，诱导其先做些尝试，刺激起他的兴趣与渴望，就较容易成功地说服他人与自己合作了。

由此可以得出这样的博弈策略：央求不如婉求，劝导不如诱导。在运用这一策略的时候，要注意的是：诱导别人参与自己的事业的时候，应当首先找到别人的“兴奋点”，引起别人的兴趣。

当你要诱导别人去做一些很容易的事情时，可以先给他一点小胜利、小甜头。当你要诱导别人做一件重大的事情时，你最好给他一个强烈的刺激，激发起他对此事的兴趣，使他对做这件事有一个要求成功的渴望。在此情形下，他的自尊心被激发出来，他已经被一种渴望成功的意识刺激了，于是，他就会很高兴地尝试一下。激发起他人对某事的兴趣，借机再诱导他参与合作，确实是一种非常有效的博弈策略。

第七章

搞定客户没那么难
——销售中的心理博弈

俗话说：兵无常势，水无常形。人人都想在销售这场残酷的战争中赢得滚滚财源，但是并非每个人都能真正懂得商战谋略、掌握心理博弈术。很多时候，销售员不仅没有“杀”到客户，反而还被客户“杀”掉了你们之间的商业合作。

先签小订单，再拿大订单

在销售过程中，销售人员促成客户签单有一种技巧叫作避重就轻成交法，也叫作小点成交法。

避重就轻成交法就是围绕主要焦点，在周边问题上与客户取得一致的意见，或者在核心交易的谈判陷入僵局时，在次要的交易上与顾客达成协议，达到循序渐进地影响和引导客户最终完成交易的目的。一般而言，在销售过程中遇到了阻力或者困难时，销售人员采用这种方法可以逐步突破阻力或者困难，促使客户下定决心签单。

某办公用品销售人员到某公司的办公室去推销碎纸机。

该办公室主任在听完产品介绍后，摆弄着样机，自言自语地说：“东西倒是挺合适，只是办公室这些年轻人毛手毛脚的，只怕没用两天就坏了。”

销售人员一听，马上接着说：“这样好了，明天我把货运来的时候，顺便把碎纸机的使用方法和注意事项给大家讲讲。这是我的名片。如果使用中出现故障，请随时与我联系，我们负责维修。主任，如果没有其他问题，我们就这么定了？”

办公室主任听了这话，觉得有道理，便与销售人员签订了订单，让销售人员尽快把产品送到公司来。

在该事例中，销售人员巧妙地使用了避重就轻的交易技巧。

本来客户方最担心的是购买该产品后“这些年轻人毛手毛脚的，只怕没用两天就坏了”，销售人员却巧妙地回避了这一点，把话题的重点转移到了“把碎纸机的使用方法和注意事项给大家讲讲，如果使用中出现故障，请随时与我联系，我们负责维修”。就这样，销售人员不知不觉地消除了客户的顾虑，促使客户下决心购买了产品。

在销售过程中，一些有促成订单经验的销售人员，在核心交易额太大或者买卖双方意见分歧较大时，往往就从配件、小批量交易或者交易的较次要因素，如款式、付款方式、维修等方面与客户达成一致。一旦客户与销售人员达成了一致意见，就往往容易作出签单购买的决定。

在促成订单的诸多技巧中，避重就轻成交法是一种有效地突破销售障碍，排除销售过程中一切不利因素，最终获得订单的技巧。在销售过程中，遇到许多销售“死结”时，只要巧妙地使用这种技巧，就可以出现柳暗花明的局面。

当然，对于销售人员来说，要想运用好此技巧促成订单，还需要了解避重就轻成交法的适用情境。

一般而言，在以下几种情境中比较适合采用避重就轻成交法促成订单：

（1）当交易的数量或者数额较大时。在销售过程中，交易数额越大，客户越容易形成交易心理障碍。此时，销售人员采用此种技巧，往往可以帮助客户减轻心理压力，促使他们下决心签单成交。

（2）当买卖双方的意见分歧较大或者在对主要交易要素存在不同的看法时。此时，销售人员采用此技巧，可以避免出现争论，为成交创造良好的氛围。

（3）当交易过程复杂时。比如，涉及的人员和部门较多，或者交易的时间长，可以先从小的方面达成一致，然后再争取达成大的协议。面对这样的交易，销售人员不要企图一步到位，而是需要一点一点地向成交靠拢。在这样的情境下，销售人员采取避重就轻成交法促成订单，往往能够使复杂的交易过程逐渐变得简单化。

（4）当客户无法立即就所有的交易要素作出决定时。销售人员采取避重就轻法，往往能够促使客户下决心签单购买。

（5）当大宗或者核心交易完成的希望渺茫时，销售人员采用此法，不至于使交易完全落空，至少可以获得一小笔订单。

（6）当交易的要素很多时，如大型设备、大宗货物，对货品、型号、款式、价格、批量、交货、付款、售后服务、技术支持、配件和动力、维修等各个交易要素均要达成一致，往往比较困难，此时采用避重就轻成交法，逐步做好基础工作和必要的铺垫，往往能使签单水到渠成。

在销售过程中，销售人员应对避重就轻这一技巧加以深刻领会，并熟练掌握和运用，以期为自己争取到更多的订单。

反客为主，牵着客户的鼻子走

在销售过程中，当客户问到某种产品，不巧正好没货时，要想争取到客户的订单，销售人员最好采用反客为主的方法，以此来促成订单。

某公司销售人员在推销冰箱时，遇到一个客户表示需要冰箱，但是对冰箱的颜色提出了严格的要求。客户说："你们有银白色电冰箱吗？"此时，销售人员马上意识到自己所销售的冰箱中并没有这一款。但他没有直接回答，因为一旦他直接回答没有，客户就会说，没有就不买。

销售人员想了想，就反问客户说："抱歉！我们没有生产这种颜色的冰箱。不过，我们销售的冰箱有好多种可以供您挑选，有白色的、有棕色的、有粉红色的。在这几种颜色里，您比较喜欢哪一种呢？"

客户说："我想要银白色的！"

销售人员说："白色的、棕色的、粉红色的，都很不错的。您选一种试试看，您就会发现它们真的很不错。"

客户说："我想要银白色的。选其他颜色有什么用呢？"

销售人员说："当然有用。不信您选选试一试。选一选，试一试，您就会体会到这些颜色的冰箱有不少是适合您的需求的。"

于是，客户就不再推托，跟着销售人员去挑选冰箱。在挑选冰箱的过程中，销售人员逐一向客户介绍了白色的冰箱、棕色的冰箱、粉红色的冰箱，并给客户讲了配合什么样的家具更显得协调合适。

在看冰箱的过程中，客户逐渐对白色冰箱产生了兴趣。销售人员趁机说服客户购买白色的冰箱，并向客户介绍冷暖色的一些简单知识，告诉他，对于冰箱来说，白色是非常合适的。因为白色是冷色，给人以清凉的感觉，使用这样的冰箱，往往容易给人一个好心情。客户听了后，觉得也挺有道理，便让销售人员帮他选择了一款白色冰箱。

就这样，销售人员以反问式的回答，促成客户签下了一单。

在上述事例中，客户有相关需求，却没有他中意的款式和颜色。此时，要想争取客户的订单，销售人员很容易遭到拒绝。但是，该销售人员没有直接回答客户的问题，而是采用反客为主的回答，慢慢引开了客户的注意力，最终引导客户购买了产品，把看起来不可能的订单给争取过来了。

一般而言，销售人员在利用反客为主这种成交技巧促成订单时，需要注意以下几点：

第一，态度要真诚。

反客为主成交法实际上是否定客户的意见，让客户“改变主意”转而听从销售人员的意见。此时，销售人员必须要真诚，让客户感觉到要求他改变意见是真正为他着想，而不是为了否定他，不是为了向他推销产品。否则，顾客是上帝，销售人员否定了“上帝”，要想获得订单就不可能了。

第二，要尊重客户的意见，与之耐心交流。

前面说过，这种成交法实际上要求客户“改变主意”，把不可能的成交变成可能。在要求客户“改变主意”时，销售人员一定要注意尊重客户的意见，与客户交流，耐心说服，不能强行要求客户。否则，不仅无法达到成交的目的，还有可能给销售人员及其公司带来负面影响。

反客为主成交法是销售人员在无法满足客户要求的情况下，通过适当巧妙的反问，引导客户改变主意，最终促使客户下决心签单购买产品的一种技巧。在销售过程中，销售人员如果能够灵活运用，则可能争取到一些看起来不可能的订单。因此，要想获得更多订单，销售人员了解和掌握这一种技巧，是大有裨益的。

适当让步，与客户进行条件博弈

令客户满足的能力是权利的来源。每个让步都能给客户某些好处，相对地，每个让步都要花掉某些成本。人所需要的满足并不像表面上那么简单，在还没有让步以前，要先想想该如何做，要满足对方哪一方面的需要。以下便是在让步时可以作的选择：

1.时间的选择

让步的时间可以提前或者延后，以满足客户的要求。选择的要诀在于让客户没有犹豫不决的余地，能够马上就接受。

2.好处的选择

让步可以同时给予某个部门、某个第三者或者谈判者本人某些好处。

3.人的选择

让步的内容可以使客户满足或者增加客户满足的程度。人可以从讨论的问题、与问题有关的事情，或不相关的其他人那里得到满足或增加满足的程度。

在销售过程中，特别是客户讨价还价的时候，我们要有良好的应变能力，要知道客户的需求是多方面的，他们的满足点也是多方面的。

作为一个优秀的销售人员，应当善于规避主要问题，在次要问题上做一些让步，让客户感到满足，从而达成交易。

销售员李振，是西安家电城的销售人员。有一次，一位客户看中了一套音响，却一直坚持自己提出的价格，坚决不让步。李振看出来对方绝对有购买的欲望和冲动，之所以没有产生购买行动，只是希望在价格上享受一定的优惠。可是，这套音响的价钱已经够低的了，再往下降，就会做赔本买卖。可是要想达成交易，便必须给予对方的一定满足，最好是让对方感到受到了不同的待遇和享受到了优惠！怎么办呢？

“如果，你价钱再往下降一点，我还会购买其他的东西，至少我还要几个稍微好一点的话筒！”对方在这个时候主动说道。

李振听了心中窃喜，已经知道了应该怎样去有效地解决这个问题。他顺着对方的话语，装作有些为难的样子说道：“先生，真的不好意思！你所看中的那套音响的价钱已经再难以往下降，你不是还要买话筒吗？”对方说：“是的。”“如果变换一下方式，我在话筒方面多给你一些优惠，你觉得这样好不好呢？”最终，客户满意地带着音响和话筒离开了。

由此可以看得出来，在让步的时候，巧妙地避开主要的问题，在不损害自己利益的前提下，在次要的问题上作出让步，能够达到很好的效果。

欲擒故纵，让客户急于和你成交

做销售的能够做到让客户依赖你，那就是一种成功。

走在沙漠里，如果水用完了，太阳非常的毒辣，你就快变成烤肉干了，这个时候有人过来卖水，哪怕矿泉水是一千元一瓶，你也会花钱买下，因为那不仅仅是一瓶水，而且是救命的东西，它的价值远远超过一千元。

同样，销售员在销售过程中，仅仅让客户发现问题是不够的，还要告诉他如果这个问题不解决，会导致什么样的后果，招致多大的损失，而且必须得到客户的认同。就是要努力给客户制造痛苦，痛苦感越强，产品在客户眼里的价值就越高。人们总是先消除痛苦，其次才是追求快乐。产品销售的好坏，完全取决于客户感觉到的痛苦程度。

美国有一家公司专门经销煤油和煤油炉。公司创立伊始，大肆刊登广告，极力宣传煤油炉的诸多好处，但收效甚微，其产品几乎无人问津，货物大量积压，公司濒临绝境。

有一天，老板突然灵机一动，让手下职员登门向住户无偿赠送煤油炉。职员们大惑不解，还以为老板愁疯了呢，但看着老板那踌躇满志的神情，只得依令而行。

住户们真是大喜过望，一个个竞相给公司打电话，索要煤油炉。不久，公司的煤油炉就被一送而空。

当时，炉具还没有现代化，人们生火做饭只能用木柴和煤。这时，煤油炉的优越性明显地体现出来了，家庭主妇们简直一天也离不开它了。

很快，他们便发现煤油烧完了，这回只能自己到市场上去买，公司可绝不赠送。当时煤油价格不低，但已离不开煤油炉的人们也只得自掏腰包了。

再后来，煤油炉也渐渐用旧用坏了，于是顾客只好买新的。这个公司也奇迹般地起死回生了。

这就是营销学中著名的“毒品法则”，当你把商品做成了人人都离不开的“毒品”，那还愁卖不出去吗？有时候，为了吸引客户，打开销路，你不妨暂时做做“亏本”的生意。

在把握商机之后，欲擒故纵，先是给予，等他们认可你的产品、习惯你的产品之后，客户们就会主动找上门来，利润自然随后也就源源而来。但是要保证的一点，就是你的产品有持续升级的价值，或者是物超所值的使用效果，否则，毒品发展难以实现。

借助“第三者”的力量游说顾客

为了刺激客户采取购买行动，有时候你说100句也顶不上你引用一次第三者对你商品的评价。

谈到你要出租的一块土地，你可能对你的客户说：“前不久一个客户也来此地看过，他觉得非常满意，想在此地盖栋别墅，可惜后来，他因资金周转不灵而无法购买，我也为他感到遗憾。”

这种方法效果非常好，但是如果你是说谎又被识破的话，那可是非常难堪的，所以应该尽量引用事实来推销。

巧妙地引用他人的话，特别是买商品的第三者的话，向你的客户说出他人对你的商品评价，有时会收到意想不到的效果。

这一技巧的妙处在于，一般的客户对于销售人员的印象总是不那么好，对于推销这种售卖方式也持怀疑的态度。但是如果你非常成功地引用了第三者的评价来游说客户，那么客户一定会有一种安全感，他本人也会消除对你的戒心，相信你给他作的商品介绍，因此他便认为购买你的商品要放心得多了。

假如你为一家公司推销一种新式化妆品，而这家公司已经在电视上做过广告，那么你的推销一定要从广告（电视台也是一种第三者）开始。

如果你知道某位“知名人物”曾盛赞或使用了你正在推销的商品，那么你的推销会变得比原先容易得多，因为电影明星、体育明星等“知名人物”一定会比你更容易得到信赖，说服力也就当然比你强得多。

但这样的好事，未必就落在你所推销的商品上，那也不要紧，你如果能打听到你的客户周围有一个值得信赖的人，曾经说过你的商品的好话，你就应该不失时机地加以应用。甚至你可以先向他推销你的商品，只要你够聪明，无论成与不成，你都能从他的口中获得对你的商品的赞美之辞，这会成为你在他的影响力所及的范围内进行推销的通行证。

当然，假如你引用一个客户并不了解也不认识的人的话，也不一定就没有效果。只要这话的确有理，那么他仍然会觉得言之有理而加以考虑。如果你去推销圆珠笔，你可以对客户说："我的一个朋友每半年总要买上七八支圆珠笔，在他经常工作的地方，每处放上一两支，他说这样很方便，因为那样就不会出现急需要用时还得到处去找笔的情况了。随手拿来就用当然再方便不过，而且七八支笔使用平均，半年都不用换新的，所以比一次买一支要划算得多。"

你的客户听了这段话一定会觉得言之有理，他便很可能从此改变他的购买方式，一下子从你这里买去许多支圆珠笔，从而使你的推销额成倍地增加。

当你敲开一家客户的大门时，你应该对出来开门的女主人说："这就是电视里天天出现的那种最新样式的化妆品，您一看就会认出来的。"然后立刻将样品递过去，她便不会怀疑你了。

如果你认为她并不是一个喜欢标新立异的人，你就可以接着告诉她："我刚才已经推销了几十瓶，大家都是看了电视里的广告介绍才购买的，而且它也的确不错。”这样，她购买的可能性就更大了，因为你一直都在“请”电视和其他的购买者来为你说话，她“自然”不会产生什么怀疑，相反会感到安全而乐于购买你的商品。

某些人对新产品特别有兴趣，一旦新产品问世，会赶快抢先买来，显示给朋友或家人看，一副得意的样子。有些人正好相反，做起事来极度保守，对于新企划和新产品都不大欣赏，致使他的上司与同事都感到很迷惑。

购买商品时，客户若说：“新产品不知道怎么样？”就表示他有意思买下，可是又担心新产品的性能、质量、流行性、是否合乎自己的身份，想得很多。如果是代表公司来购货，说：“我曾经吃过苦头，不敢领教。”一定是从前曾因采购新产品而吃过亏。此时，你应该先听听他的原委，知悉其来龙去脉后，再进一步商讨改进的方法，从而让他服下“定心丸”。

另外，还可利用第三者的评论来佐证商品的质量和服务，以此反驳对方的反对意见。

“经理先生，请您看看这里，这一部分使用的材料是具有特高硬度的合金，所承担的压力相当于旧产品采用金属的三倍。这儿有一份超硬合金的分析表（资料法）。前三天某一家精密仪器公司，也买了同样的产品，他们反映说性能特佳、生产力极高，大家都很高兴。这里还有一份工业周刊的记载，请您参考一下，正如它所推荐的一样发挥了高度的功效，在市面上大家都说是划时代的产品（市场评价）。某工业公司的洪博士很称赞这种新式机器（权威专家的赞誉）。”

如此，顾客就会对你的商品兴趣大增。

故意冷淡不理睬，吊足客户的胃口

有时候，对待某一类顾客，你不能对他们表现出热情，反而要对他们不理不睬不重视，这样，他们反而会重视你，对你产生好奇和兴趣，进而对你的产品感兴趣，最后购买你的东西。

“故意冷淡”，其实本质上还属于收回承诺策略。因为当你用漠视去面对某些顾客时，这些顾客会以为你手上的东西很有价值，所以才敢不重视他们，于是他们就会对你和你的产品感到好奇并产生兴趣，购买了你的东西后，还觉得自己占了便宜。

那么，这样的客户是什么样的呢？这一类顾客，往往是恃才而傲，自以为无所不知、无所不晓、无所不能的人。在这种人看来，根本不用什么销售人员就可以买到最好的商品，因而他们觉得根本没必要与什么销售人员打交道，他们还一直认为销售人员是一种多余的角色。

对待这种类型的顾客，当你和他们交谈时，你可以表现出一种客气的态度，在这种客气之中，你要包含一种对成交是否成功漠不关心的神情，就好像你根本不在意这件事一样，故意形成“卖方市场”的情形。

于是乎，这类顾客心里就会非常想知道你为什么会胆敢那么漠视他们。要知道，他们这种人总认为自己是一个非常了不起的人物，无论去到哪里都应当受到别人的尊重和关注。现在你居然对他们态度冷淡，他们自然会感觉恼火，然后十分想去了解你对他们冷漠的原因，进而对你和你的产品产生好奇和兴趣，最后以购买你的商品而告终。

在推销过程中，当你遇到这种类型的顾客时，你可以用类似于这样的语气和他们交流："尊敬的先生，您大概不知道，我们的产品并不是随随便便地对任何人都进行推销的，否则会影响我们公司的声誉！"

当他们感到很讶异时，你可以接着这样说："我们公司只对特殊的顾客服务，对顾客和服务项目都要经过严格的核查和选择。"

你可以继续这样说："在选择推销对象上，首先我们要求顾客必须符合一定的条件。话又说回来，能符合这种条件的顾客不是很多，而您恰恰是这些为数不多的顾客中的一位。"

让顾客消化一下你的话后，你可以稍微对他们谈及一点生意上的事情："如果您想了解我们对顾客的服务事项，我们可以提供一些资料给您。"

但要记住的是，即使顾客同意了你的意见，并表示出了想购买的意愿，你还是仍应装出一种满不在乎的态度，要让顾客觉得做成这笔交易，对他更有好处，他不买你的东西是他的损失而不是你的损失。

先高后低，让客户觉得赚了便宜

先高后低，会让客户觉得自己赚了便宜，从而更容易达成交易。

在激烈竞争的时代，企业不仅要靠技术和资金来取胜，还需要采取高超的市场开发技巧，在商海中抓住商机，使自己游刃有余。

报价时绝对不能担心因为价格报高了可能无法成交，各位要先想到一个问题，就是即使你价格报低了也不见得会成交，但你价格报高了就有调整的空间，而价格报低时你可能因此而失去比赛权。记住：客户永远不会满足的。

美国商人善于利用价格的悬殊进行推销。他们先是在对方心里安放一个价格太高的心锚，在对方心里设置悬念，再以一个低得多的价格来铲除这个悬念，让对方尝到好处。对方在心里一比较，觉得很实惠，就很容易决定购买了。

美国商人杰德森有一次找到某公司的经理，带着一个正好符合对方利益目标的方案。杰德森说："我们这里有个非常好的方案，它价值50万美元，而我们的转让费是30万美元。"不想那位经理说："遗憾的是，你开价30万美元，你的价格是不合理的。"

杰德森附和着说："您说得很对！这个价是不合理的。"然后，杰德森微笑着走了。

一个星期后杰德森又来拜访，"上次向您介绍的那个方案不用说正好满足您的要求，可是开价30万美元，实在太荒唐。为那件事我一直耿耿于怀，我一直想为您做点什么才好。一个星期下来，我遍寻名家高手，终于发现了这个方案，它绝对物超所值10倍。如果我能向您提供一个价格仅为7.5万美元，而效果又相当于30万美元的方案，您是不是觉得是件好事？”

那位经理见价格从30万美元降到7.5万美元，自然很感兴趣。他怎么能放弃一个以7.5万美元的代价获得价值30万美元服务的绝好机会呢？他当下就签字答应了。杰德森轻易地完成了这笔交易。

这就是典型的“价格悬念推销”。利用商品价格的悬殊差价来诱惑客户购买，是销售的一种技巧。形式可以多种多样，可以故弄玄虚，可以设置悬念，但真正的意图却是帮助客户做出正确的决定，为客户带来好处。

有人认为，用这种方式使人作出错误的判断、错误的决定，是一种低级的、没有道德的推销。任何事情都有两面性，看你是以什么样的方式去做，从什么样的角度去做。这只是一种销售手段，而不是一个骗局。但如果你用这种方法去赚取不义之财，这是对自己人格的玷污。

客户调查为市场预测和经营决策提供准确的情报资料，是市场预测和经营决策的基础。

例如，客户买一套房子，因为每年客户都要交物业管理费等，总数超过2 000元。实际上只要签下合约，多少钱都是有赚头的。那么销售代表会假装悄悄跟你说，等会我把经理请过来，听说他昨天给一位客户朋友打到6折，看看能不能给你争取到，你看行吗？如果客户说行，则就陷入了心理暗示圈套。客户就形成了6折心理价位，而最后经理往往在7折上做周旋，最后就落在6折附近，这就让客户无法拒绝。

所以在要价时是有技巧的，先高后低，会让客户觉得自己赚了便宜，从而更容易达成交易。开价一定要高于实价，也许你认为这个问题很初级，但真的有许多销售人员是怕报高价的，他们害怕在一开始就吓走客户，而永远失去机会。如果你对报高价心存恐惧，那读读以下的理由：一是在你报价之后，你可以降价，但不能涨价；二是你可能侥幸得到这个价格（在资讯发达社会可能性越来越小，但试试又何妨）；三是这将提高你产品或服务的价值（尤其是对不专业的客户）。

除非你很了解你的客户，在无法了解你的客户更多的情况下，开价高一定是最安全的选择。然后根据客户的反映进行调整，才能保证自己的利益。

玩数字游戏，以小藏大谈价格

在可能的情况下，要尽量用较小的计价单位报价，即将报价的基本单位缩至最小，从而隐藏了价格的“昂贵”感，客户也便容易接受了。

在日本首都东京，经常能听到这样的不动产销售员话语：“出售从东京车站乘直达公共汽车只需75分钟就能到家的公寓。”

假如把75分钟改为1小时零15分钟，买房的人一定会大大减少，因为人们会觉得出售的房子离东京很远。在人们的心理上，以分钟为单位的时间自然会很短，而以小时为单位的时间自然会很长。房地产销售员正是利用人们的这种心理，变换了一下时间单位，再加上“直达”“只需”强调快速的字眼，让人感觉这所公寓离东京并不远。

一位客户相中一块图案特别、质地精良的地毯，问销售员价钱。“每平方米24.8元！”销售员回答。“这么贵？”客户听后直摇头。过了一会儿，又有一位客户问这块地毯的价格时，销售员微笑着反问道：“你为多大的房间铺地毯？”“大约10平方米吧！”

销售员略加思索后说：“使你的房间铺上地毯，只需1角多钱。”“1角钱？”客户一脸的惊讶和好奇。“你的房间10平方米，每平方米是24.8元，一块地毯可以铺5年，每年365天，这样你每天的花费不就是1角多钱吗？”销售员解释道。

最后，客户欣然买下了这块称心如意的地毯。

这种把商品价格分摊到使用时间或使用数量上的做法常使价格显得微不足道，非常便于客户接受。

齐格勒曾销售过厨房成套设备，主要是成套炊事用具，其中最主要的就是锅。这种锅是不锈钢的，为了导热均匀，锅的中央部分设计得较厚。它的结实程度是令人难以置信的。齐格勒曾说服一名警官用杀伤力很强的四五口径手枪对准它射击，子弹竟然没有在锅上留下任何痕迹。当齐格勒销售时，客户经常表示异议：“价格太贵了。”“先生，您认为贵多少呢？”对方也许回答说：“贵200美元吧。”这时，齐格勒就在随身带的记录纸上写下“200美元”。然后就又问：“先生，您认为这锅能使用多少年呢？”“大概是永久性的吧。”“那您确实想用10年、15年、20年、30年吗？”“这口锅经久耐用是没有问题的嘛。”“那么，以最短的10年来算，对您来说，这种锅每年贵20美元，是这样的吗？”“嗯，是这样的。”“假定每年是20美元，那每个月是多少钱呢？”

齐格勒边说边在纸上写下了算式。“如果那样的话，每月就是1美元75美分。”“是的。可您的夫人一天要做几顿饭呢？”“一天要做两三回吧。”“好，一天只按两回算，那您家中一个月就要做60回饭！如果这样，即使这套极好的锅每月平均贵上1美元75美分，和市场上卖的质量最好的成套锅相比，做一次饭也贵不了3美分，这样算就不算太贵了。”

齐格勒总是一边说一边把数字写在纸上，并让客户参与计算。在计算的过程中总能让客户不知不觉地摒弃“太贵了”这个理由，促成购买。

从心理学的角度来说，每一个人对较小的事物更容易作出决定，也就是说，当一个人面对的是一个较小的决定时，他一般更容易作出肯定的反应。细分法的技巧正是基于这一思想，使客户产生一种数字上的错觉，在客户更容易接受的时候巧妙地促成了交易。

第八章

让你爱的人更爱你
——恋爱婚姻中的心理博弈

爱情中总是有太多的疑问：为什么谈恋爱的时候看到自己的情侣和别的异性朋友多聊几句或者来往密切些，心里会很不舒服；而相处时间长了，这样的情绪便慢慢地消失，这真的是人们常说的：会吃醋是因为怕失去，而无所谓是因为已经占有吗？在婚恋这场不太好玩的“游戏”中，谁能熟练地驾驭游戏或博弈规则，谁就是爱情的赢家。

先动优势，爱在心中口要开

传统上，人们认为男孩是追的一方而女孩则是被追的一方。而且，有很多女孩也认为，有男孩追是一件幸福的事，起码说明自己较有魅力，心里偷着乐。可是殊不知被追有三大弊端，而主动追求对女孩来说，也有三点好处。

男孩追女孩的传统观点的几大弊端如下：

首先，被追是一种被动与等待。你永远只看见现在在你眼前的这个男孩，如果女孩的要求很高，她可能总是认为更好的还在后头，所以对眼前的总是不满意、不珍惜。如果女孩的虚荣心比较强，或者说，是要求比较低，则可能出现“来者不拒”的现象，早早地不问缘由就投入追求者的怀抱。

其次，被追容易导致日后后悔。女孩在和男孩相处一段时间后，发现事实上事情并不尽如人意，男孩的许多缺点暴露出来后女孩就认为不可接受，男孩一旦表现出不如当初追求时的积极与耐心，就会被女孩认为是受到了极大的伤害。女孩可能会认为自己当初“交友不慎，误上贼船”，怎么就答应了这么一个不成器的家伙呢？而且，随着今后交友面的扩大，女孩面临更多选择的时候，就容易产生移情别恋的可能。

最后，被追是推卸责任的借口。相爱容易相处难，女孩在和男孩相处一段时间后，两人关系在发生不和时，女孩往往会是任性的一方，她多半不会反省自己的坏脾气，而是想，反正当初是你追我的，你要对我们的关系全权负责。

相应地，主动追求对女孩来说，也有三点好处：

第一，追求真爱是每个人的权利，女孩也不应该例外。虽然有很多男孩声称他们不喜欢主动的女孩，但只要女孩表现得不是“花痴”就可以了。主动一点，丢掉的只是虚伪误事的矜持，赢来的却是现代女性的必备品质：积极、果断、乐观向上。

第二，自己追求来的往往倍加珍惜。这一点不仅限于爱情，很多事情都一样。历经周折追求来的东西才会更显价值，才不会轻易后悔，珍惜之心才会更加长久。

第三，主动追求有利于放宽视野、提高眼界。只有当女孩处于自我放逐的身心解放状态时，看人看物才会更客观更公正更有逻辑，心门才会打得更开，才能从事物的现在看到它们的未来，从事物的表面看到它们的内在，不蒙蔽于一时一事的利益。这样的人格是开阔的，为自己确定的未来才会更合理更有担当。

下面以电影《诺丁山》讲讲爱情中的先动策略。先动优势是由于在博弈中第一个采取行动的局中人所拥有的优势。如果看《诺丁山》看到2/3时候，你还没有热泪盈眶，那你一定还没有真正渴望过爱情。大牌影星安娜·斯科特走进伦敦诺丁山一家小书店，一杯橙汁使离婚后爱情生活一直空白的威廉·塞克意外地得到了安娜的吻，两人相爱了。然而威廉·塞克是一个羞涩的男人，或者说是一个不会主动的男人。女主角只能主动，第一次去他家里，出门后又回来；在车站再次邂逅，她邀请他去自己家里；后来为躲避记者跟踪，她到他家里过夜，也是她主动走到他的床边；再后来因为前男友的介入，她和他有了误会，到最后，也是她主动上门要求重修旧好……那个憨厚纯良的男人，或许觉得这种幸福是不真实的，就那么一次次缺乏着爱的勇气，就那么一次次躲避着爱情的大驾光临。

所以，那些看电影看到2/3时候，禁不住热泪盈眶的观众，一定是理解了女主角心里的温柔和焦急：主动、我得主动，否则我的爱情就要不翼而飞了。或许她们自己在生活里也有这样的经历，自己心爱的那个人，仿佛永远不知道自己在渴望什么，就那么傻愣愣地在一旁观望自己的爱情，局外人一样不敢介入。

经济学里的“先动优势”，是指在一个博弈行为中，先行动者往往比后行动者占有优势，从而获得更多的收益。也就是说，第一个到达海边的人可以得到牡蛎，而第二个人得到的只是贝壳。

或许你可以把它理解为先下手为强，比如，第一个和你说“我爱你”的人，总是比之后其他追求你的人让你印象深刻，哪怕你那时候只是和他在大学校园里拉了拉手，散了散步，可到很老的时候，你也不会忘记他。但是在爱情中，“先动优势”往往会形成惯性，你主动了第一次，以后就得永远主动下去，你爱的那个人，仿佛已经习惯了什么事情都由你发起，或许个性使然，或许习惯使然。

因为共鸣和分享式的爱情才会有持久的生命力，当在一场恋爱当中，你发现对方只是一个道具，而这个爱情故事基本是你一个人在拼命流泪流汗的独角戏，那这多少叫人懊恼或者气馁。所以在爱情里，要要一点小伎俩，先动了，有了优势的时候，不如把脚步放一放，让对方跟一跟，两个人步调一致了，爱情才能经营得好。

《诺丁山》的最后，威廉·塞克鼓起勇气，直闯了记者会，关键时刻向心上人表达了自己的心声，赢得美人归，这就是进步。

有没有一种智慧可以让恋爱不分手

重复博弈研究的是人与人之间的合作关系。对于整个人类社会而言，构建一个“熟人社会”，是促进人与人之间合作的一种有效策略，但这并不意味着只需构建一个“熟人社会”便万事皆休，人与人之间便不会有背叛发生。人性的复杂决定了我们在重复博弈的情况下还需采取其他的策略来保证合作，一报还一报策略就是其中的一种。

世界上的每对恋人都要承受未来不确定性的折磨：如果双方都不变心，那是最好的结局，在天成为比翼鸟，在地成为连理枝；如果都变了心，效果也不坏，“你走你的阳关道，我过我的独木桥”。如果一方变了心，另外找到了更好的情侣，另一方却还傻乎乎地忠贞不贰，那么，另觅新欢的一方是最幸福的，比两人都不变心的结果还幸福，因为他（她）找到了更好的情人；而被抛弃的一方是最不幸的，比两人都变心的结果更为不幸，因为他承担的压力既来自自己的不幸福，也来自对方的太幸福。那么，有没有一种方法能够消除这种不确定性的折磨，让两人都对彼此忠贞不贰，从而换来一个好的结果呢？

人在恋爱的时候都爱发誓，他们希望通过“非你不嫁”和“非你不娶”之类的誓言让对方相信自己此情不渝。但事实上，一对恋人相互间的忠诚，不是靠这种情深爱笃的誓言，而是需要一定的博弈策略。在恋爱这场不太好玩的“游戏”中，谁能熟练地驾驭博弈规则，谁就是爱情的赢家。

很明显，胜利总是属于那些采取善意、强硬、宽容和简单明了的一报还一报策略的恋人们；反之，恶意的、软弱的、尖刻的、复杂的恋人们往往会两败俱伤。所以，对于正在恋爱中的人们来说，获得幸福爱情的博弈原则应该有以下几点：

第一，善意而不是恶意地对待恋人。

第二，强硬有原则而不是软弱无原则地对待恋人。要在“我永远爱你”的前提下，做到有爱必报，有恨也必报，“以其人之道，还治其人之身”。比如对恋人与其他异性的亲热行为，要有极其强烈的敏感与斩钉截铁的回报。当然，每次发脾气都应是有限度的，而且还要在对方知错的情况下宽容对待。

第三，宽容而不是尖刻地对待恋人。幸福的恋人可能并不是忠贞不贰的，当然也不是见异思迁的，他们能够生活得愉快，关键是能够彼此宽容，宽容对方的缺点，甚至也宽容对方偶尔的不忠贞。

第四，简单明了而不是山环水绕地对待恋人。爱克斯罗德的实验证明，在博弈过程中，过分复杂的策略往往使得对手难以理解，无所适从，因而难以建立稳定的合作关系。

事实上，在一个重复博弈的环境里，城府深沉、兵不厌诈、揣着明白装糊涂，往往并非上策，相反，明晰的个性、简练的作风和坦诚的态度倒是制胜的要诀。要让恋人明白我们说的是什么，切忌让对方猜来猜去，以免造成误会。

提防恋人背叛未必能在恋爱中获胜，相反，对善意的、强硬的、宽容的、简单明了的一报还一报策略的把握和利用，才有可能获得地老天荒的爱情和白首偕老的婚姻。

可以看出，一报还一报策略可以促进人与人之间的合作，从而形成基于个体理性（利己动机）的集体理性结局，形成社会的道德共识。简单地说就是：你对我好，我就对你好；你对我不好，我也对你不好。我对你好，是为了你能继续对我好；我对你不好，不是睚眦必报的互相损害，而是要将对方重新拉回合作的轨道。所以，一报还一报策略最终能够带来双方的合作。

逆向选择，美丑搭配最常见

生活中，关于“坏男人坏女人才有人爱”一类的话已经很多了。网上类似于某老实男生被一任女友出国踹了，二任女友脚踏N只船，并被嘲笑“老实”之后变得玩世不恭，从而也游戏人间，反过来欺骗耍弄纯情小女生之类恶性循环的故事太多了。逆向选择这个符咒又是下在了很多所谓“老实”的痴情男女身上，为什么？

花心男生追女生投其所好，知道进退；同理，花心女生爱广撒网，重点培养，花招百出，热情得令人难以抵挡。于是，现实中，老实人被抛弃之事实已经是见怪不怪了。

从经济学上来看，逆向选择往往是信息不对称以及一次博弈的结果。劣等商品（股票也好，房产也好，或者人也好），往往会花更大成本在制作虚假信息上，比如会计报表造假，比如假学历假文凭，也比如坏男人和坏女人往往外表华丽魅力四射，待人殷勤花言巧语，山盟海誓。而信息缺失的那一方呢，往往又容易在有限的交易时间内产生心理因素，对于自己的选择产生极大的影响，结果导致逆向选择。

劣等商品→造假掩饰→一次博弈中达成交易→逆向选择→道德风险。

但是，在信息完全，或者信息鉴别力强，同时存在道德风险，以及多次博弈的前提下，逆向选择就容易土崩瓦解。

以爱情中的信息博弈为例，来分析一下。

1.信息完全：由此可以看出要做到信息完全，首先必须要互相了解，纯靠一见钟情或者短时间两三次见面的相亲，往往会导致信息的错位和不完全。可见网恋见光死也是正常的了，所以从朋友做起才能保证该前提。

2.信息鉴别力强：这里主要强调有鉴别经验。如果曾经受过骗，或者受过伤，就能从种种细节及表现可以部分鉴别此人是否适合自己。所以有过失败的恋爱经历未必是坏事，可以增加你获得信息的能力。同时，没有谈过恋爱的人，往往容易做出错误决定，这也大概是初恋容易失败的原因之一吧。

3.存在道德风险：恋爱发展的结果是婚姻，婚姻相当于是和约。信息不对称对于合约的双方是相对而言的，必然有一方占有比较优势。信息相对充分一方的所作所为将会带来两种风险，一种叫作逆向选择，另一种叫作道德风险。逆向选择是合约达成之前的风险，道德风险是合约达成之后的风险。二者之间存在着如下关系：只有事后出现了道德风险才能确认合约达成之前的选择是逆向的；事前的逆向选择必然导致事后的道德风险。

通俗来说，如果选错了人，那么就面临事后的道德风险。而结婚以后的道德风险是由结婚以前的逆向选择引起的。按照常理，结婚以前越是对你好的，越是追得死去活来的男人，结婚后应该对你好，至少不比婚前差才对。可是，事实却是，逆向选择，事前希望越大，事后失望越大。为了避免道德风险，所以婚姻的缔结，人们往往慎重又慎重。

4.如果是多次博弈，逆向选择的可能性又要小得多。比如第一次恋爱失败，你会知道问题所在，第二次的恋爱中同样的错误不会再犯。因此，没有多少爱可以重来，原因是，一次博弈中你已经吃了亏，你还会回头再受一次伤么？一般对理性人来说，不大可能。当然不排除有些痴男怨女矢志不移分了合合了分，瞎折腾的。从另一方面来看，第二次恋爱，你往往会吸取第一次的教训，比如前女友很做作的，那么你会选个随和好相处的；前男友没有定性的，往后会找个有责任感的。而自己在一次博弈中的失误表现，在二次博弈中你会注意不要再犯。所以从这个角度来看，有些人大概会选择谈过恋爱的人作为伴侣，因为双方都会在第二次博弈中表现出色，少犯错误。

性别之战中的纳什均衡

纳什编制的博弈论经典故事“囚徒困境”，说明了非合作博弈及其均衡解的成立，故称“纳什平衡”。

所有的博弈问题都会遇到三个要素。在囚徒的故事中，两个囚徒是当事人（players）又称参与者；当事人所做的选择策略（strategies）是承认了杀人事实，最后两个人均赢得（payoffs）了中间的宣判结果。如果两个囚徒之中有一个承认杀人，另外一个抵赖，不承认杀人，那么承认者将会得到减刑处理，而抵赖者将会得到最严厉的死刑判决，在纳什故事中两个人都承认了犯罪事实，所以两个囚徒得到的是中间的结果。

有一对热恋中的情侣男A和女B，他们都是工作繁忙的公司主管，平时很少能够在一起共度浪漫时光。这一天他们约好下班后去看电影。男A是个军事迷，特想看战争片，对艺术片一点都不感冒；女B则是艺术爱好者，只想看艺术片，对战争片毫无兴致。

不妨定量地来分析，假设男A看战争片的满意程度为10分，而看艺术片的满意程度为2分；女B看艺术片的满意程度为10分，而看战争片的满意程度也为2分；两人在一起看电影满意程度各会提高10分。

很显然，男女要么都去看战争片，要么都去看艺术片，这两种情况达到了该博弈的纳什均衡。这个博弈还有一个特征就是，每一个参与者都不存在优势策略，因为不管是男A或是女B，都会发现自己的最优策略取决于对方的选择。

我们逐个分析以下几种情况：

1.如果男A选择看战争片，那么女B选择看战争片的满意程度最高；

2.如果男A选择看艺术片，那么女B选择看艺术片的满意程度最高。男A的策略选择亦然。

实际上，情侣博弈的正式名称是“性别之战”（Battle of Sex）。在情侣博弈中，双方都没遇到“囚徒困境”中那样的最佳策略。但是，他们总会作出一个较好的选择，谁叫他们是热恋的情侣呢?

我们只需留意就会发现，在情侣博弈中，双方都去看战争片，或者双方都去看艺术片，就是我们所说的相对优势策略的组合。一旦处于这样的位置，双方都不想单独改变策略，因为单独改变没有好处。比方说两人一起看战争片，男A满意度为20分，女B满意度为12。如果男A改变主意单独去看战争片，变成双方满意度都是10分，没有好处；如果女B改变主意单独去看艺术片，也变成双方满意度也是10分，也没有好处，所以，两人一起去看战争片是稳定的结局。同样，两人都去看艺术片也是稳定的结局。

这种稳定的结局就是“纳什均衡”，在情侣博弈中，双方都去看战争片，或者双方都去看艺术片，是博弈的两个纳什均衡。就单次情侣博弈而言，最后结局究竟落实到哪一个“纳什均衡”，是博弈论本身无法解决的问题。

如果时间紧迫，双方来不及联系并且事先也没有商量好，每个人只好单独决定自己去看什么电影，这个时候，很可能会出现的情况是男A去看战争片，女B去看艺术片。最为糟糕的情况是，男A和女B都很尊重对方意见反而各自去看对方想看的而自己不想看的电影，这时的整体满意程度只有4分。

很明显的，尽管情侣博弈中的两个纳什均衡都是有效率的，但这个博弈的不确定性却导致低效率的情况可能发生。

当然，这对恋人约会看电影事先打个电话，商量好再约定看什么，这比双方不进行沟通而私自决断要好得多。比方说，情侣双方可以随便定个规则，如双方商议，在看电影的前一天猜硬币，谁猜中了就听从谁的意见。

假如这对恋人都是非常较真的人，根本就不可能用猜硬币的方式，而是强行承诺，比如男A是个大男子主义者，直接告诉女B他一定会选择战争片，完全不会去看艺术片。

如果这个女主角B是个柔顺的小女人，结果当然仍是达到纳什均衡：双方都去看战争片。女B用威胁的手段亦然。在这种情况下，情侣博弈可以用来描述合作企业之间的关系。企业双方偶尔像真正的情侣那样互相谦让一下也有好处。但是，在许多情况下，结果会体现强硬一方的先动优势，虽然双方都会得好处，但是，强硬地先行动的一方得益多一些。

问题是，如果男A是大男子主义者，女B是女权主义者，双方都威胁对方不会选择去看对方喜好的电影。这样的结果将达到次优，也就说无法达到帕累托最优的纳什均衡局面。好心办坏事。

更糟糕的情况是，双方虽然在口头上严词相对、威胁对方，但内心里反而是相互体谅对方，最后进行策略选择的时候反而都作出让步，各自选择了对方所爱看的电影。最终的结果很显然是效率最低的局面。

更进一步地分析这个问题，男女恋人任意一方在谈判（男女双方对片子选择的协商本质上就是一种讨价还价的谈判）中承诺要看什么电影。

这关键在于，其可信度取决于作出诺言的一方，是否能够证明：除了遵守承诺以外，其他的选择并不是更痛苦。比如说，女B能够向她男朋友A证明：即使她一个人独自欣赏艺术片，也能津津有味地享受电影的乐趣，获得极大的满足感。这个时候，女B所作的一定要看艺术片的承诺就是可信的。

但是，假设男A正在追求女B，男A对女B的依赖性就会增强，他要考虑如何让女B开心来获得她的欢心。反过来说，男A向女B提出要求的能力自然就下降了。

生活当中就是这样的道理，“吃别人的嘴短，拿别人的手短”。不同的人在一起合作时，有求于对方的人，在讨价还价的谈判中，一定是处于劣势的。

夫妻之间的“囚徒困境”

一对恋人好比一对囚徒，囚于情丝编织的牢笼，并在牢笼里上演着爱情的博弈，谁输谁赢，往往靠的不是情深爱笃，而是博弈手段的高低优劣。在恋爱的这场不太好玩的“游戏”中，谁能熟练地驾驭游戏或博弈规则，谁就是爱情的赢家。

我们总说做事情不能蛮干，爱情也同此理，不能蛮爱，要讲究技巧，讲究手段，讲究规则，从而学会与恋人合作，学会对付对方的不合作，至少不被对方所欺骗。

为爱情盲目牺牲自己精力、财力、时间、前途乃至生命的人，简直是糊涂透顶，被对方涮了，还不以为耻，反以为荣，且美其名曰“我忠实于爱情”。不是说你的真情可耻，真情从来都是可歌可泣的，是说你的“爱令智昏”是可耻的。

恋人，既是你的合作伙伴，也是你的对手，甚至敌人。所以，要想在恋爱中成为赢家，你要学会与伙伴一样地和恋人合作，也要学会与敌人一样地和恋人周旋。面对对手围追堵截的爱情围剿，你要学会闪转腾挪的诸多反围剿手段。实在不行了，再三十六计走为上：对不起，不陪你“玩”了！

几乎所有的博弈论书籍，都从经典的囚徒困境说起，虽然那是说一对纵火犯的，但其原理也照样适用于“纵爱犯”。爱，本来也就是一场火，所以爱情的囚徒也都可以看成是纵火犯。

还是让我们看看纵火的囚徒是怎样走出困境的吧！

所谓“囚徒困境”，说的是这样一个事例，此例版本不一样，但道理是一样的。

一场火灾之后，两个嫌疑人被囚禁，分别关在两个独立的不能互通信息的房间里。这可以被看成是一个纯粹的实验，没有任何社会意义或政治意义。实验的前提是，如果两人都承认，则各被扣留5年；如果一人承认另一人不承认，承认的放走，并且得到奖赏，不承认的被扣留10年，并且被罚款；如果都不承认则因证据不足各被扣留1年。

我们看到，假定A选择承认的话，B最好是选择承认，否则就要被处罚；假定A选择否认的话，B最好还是选择承认，因为这样可以被放走，还可以得到奖金。即是说，不管A承认与否，B的最佳选择都是承认。反过来，同样地，不管B承认与否，A的最佳选择也是承认。结果，两个人都会选择承认。

这就是有名的“囚徒困境”，在生活中这种情形并不存在，它只是一个理论模型，所反映的问题是个人理性和集体理性的矛盾。理性告诉被实验者，谁选择抵赖，谁就可能会倒大霉，而对方却逍遥自在，受到奖励。所以，就出现了这样一个悖论，有时对同伙的忠诚，往往会把自己送上绝境，除非双方都能100%的忠诚，但这是不可能的，谁能在巨大的利益诱惑面前永远不动心呢？

恋爱中的人，也类似于走入了囚徒困境。如果双方都不变心，那是最好的结局，在天愿作比翼鸟，在地愿为连理枝嘛；如果都变了心，效果也不坏，你走你的阳关道，我过我的独木桥嘛；如果一方变了心，另外找到了更好的情侣，一方却还傻乎乎地忠贞不贰，那么，另觅新欢的一方是幸福的，比两人都不变心的结果还幸福，因为他找见了更好的情人，而被抛弃的一方是最不幸的，比两人都变心的结果更不幸，因为他承担的压力既来自于对方的太幸福，也来自于自己的太不幸福。

按照囚徒困境的分析结论，恋人最好是都防范对方一些，不奢望天荒地老，也不怕分道扬镳，怕只怕对方另有所爱而自己却还执迷不悟。所以，恋人最天真的选择是天荒地老，最理性的选择是分道扬镳，最糟糕的选择是被另有新欢的对方无情抛弃。既然天真的结局过于不真实，糟糕的结局过于心痛，那么唯一的出路就是要么不再付出爱，要么有所保留的爱，千万别把爱当成生命来对待。

但是，现实中的恋人，大都希望天荒地老，没有谁愿意回头是岸，甚至被对方抛弃了也不死心。为什么会这样呢?

因为纵爱的恋人与纵火的囚徒，其博弈状况有一个重大的不同。囚徒被警方抓住之后，是隔离审查的，因此无法订立攻守同盟，即便能够订立，谁能保证自己或对方永远不毁约呢?

恋人就不一样了，他们被爱情抓住以后，一般并不是隔离的，而是整天泡在一起。泡在一起干什么呢？除了发誓，还是发誓！人生发誓最多的时期，大概就是恋爱期。发什么誓呢？无非就是什么非你不娶啊非你不嫁啊的一类誓言罢了，目的只有一个，就是让对方相信自己能够天荒地老，此情不渝。他们希望彼此忠诚，从而换来一个好的博弈结果，而且为了防止对方变心，总要设法让对方相信，遇到我是你三生有幸，而我遇到你也是万世不毁。

可是，世间没有什么誓约是永恒的。所有爱情的悲剧，都从背弃誓约开始，而天下又似乎没有没有誓约的爱情。

天各一方的恋人，更不容易恋爱成功，像被隔离审查的囚徒一样，除了违背誓约，他没有更好的选择。

所以，要想在恋爱中成为赢家，你最好是不遵守爱的诺言，如此才能走出“囚徒困境”。然而，这个结论在实际上是有问题的。因为，恋爱成功的人并不少见，厮守一生的人也不少见，你不能说他们都是勉强的。

相信多数情侣的爱情生活过得还是可以的。那么，究竟是什么机制让他们信守誓约呢?

这也可以从博弈论中找到答案。

这个问题的答案大部分归功于美国密西根大学一位叫作罗伯特·爱克斯罗德的人。爱克斯罗德是一个政治科学家，他组织了一场计算机竞赛。这个竞赛的思路非常简单：任何想参加这个计算机竞赛的人都要扮演“囚徒困境”案例中一个囚犯的角色。他们把自己的策略编入计算机程序，然后他们的程序会被成双成对地融入不同的组合。分好组以后，参与者就开始玩“囚徒困境”的游戏。他们每个人都要在合作与背叛之间作出选择。关键问题在于，他们不只玩一遍这个游戏，而是一遍一遍地玩上200次。这就是博弈论专家所谓的“重复的囚徒困境”。

“重复的囚徒困境”更逼真地反映了具有经常而长期性的人际关系，而且，这种重复的游戏允许程序在作出合作或背叛的抉择时参考对手程序前几次的选择。如果两个程序只玩过一个回合，则背叛显然就是唯一理性的选择。但如果两个程序已经交手过多次，则双方就建立了各自的历史档案，用以记录与对手的交往情况。同时，它们各自也通过多次的交手树立了或好或差的声誉。虽然如此，对方的程序下一步将会如何举动却仍然极难确定。实际上，这也是该竞赛的组织者爱克斯罗德希望从这个竞赛中了解的事情之一。一个程序总是不管对手作何种举动都采取合作的态度吗？或者，它能总是采取背叛行动吗？它是否应该对对手的举动回之以更为复杂的举措？如果是，那会是怎么样的举措呢？

事实上，竞赛的第一个回合交上来的14个程序中包含了各种复杂的策略，但使爱克斯罗德和其他人深为吃惊的是，竞赛的桂冠属于其中最简单的策略：一报还一报。也可以把它叫作“以其人之道，还治其人之身”。

“一报还一报”的策略是这样的：它总是以合作开局，但从此以后就采取以其人之道还治其人之身的策略。也就是说，一报还一报的策略实行了胡萝卜加大棒的原则。它永远不先背叛对方，从这个意义上来说它是“善意的”。它会在下一轮中对对手的前一次合作给予回报（哪怕以前这个对手曾经背叛过它），从这个意义上来说它是“宽容的”。但它会采取背叛的行动来惩罚对手前一次的背叛，从这个意义上来说它又是“强硬的”。而且，它的策略极为简单，对手程序一望便知其用意何在，从这个意义来说它又是“简单明了的”。

夫妻之间要“亲密有间”

有种说法是，男人为什么不愿意带自己的老婆去参加朋友聚会呢？原因在于不想让她接近朋友的老婆。婚后的女人在一起讨论的最多的就是婚姻经验，什么“防小三秘籍”，雇佣私家侦探跟踪老公，在老公的袖口上装针孔监视器，这些事儿都是在这种聚会上相互为对方出的招儿。

有一个离婚案例，双方感情并未破裂，恰恰相反，是因为爱得过深离了婚。为什么呢？原因是双方都太爱对方，总想把对方牢牢地拴在自己的视线里，再加上两人都有较强的猜疑心理，最终因为夫妻之间相互捆绑得太紧，以致感情窒息而亡。

夫妻之间的相处，有时就跟吃饭一样，别吃得太撑，给胃里留点儿空间，你也舒服，胃也舒服，顿顿吃撑，胃落下病，你也不好受。这里面就包含一个度的问题。我们应该学会把握婚姻关系中的距离，有度才有长久。不要时时监控对方，也不要容忍被对方监控。

夫妻要亲密有间，适当为对方留点儿距离，留点儿空间。虽然结婚了，但彼此还是独立的个体，可以适当拥有一些自由的私人空间、自己的朋友、自己的爱好、自己的事业等。如果每天总是“盯着”“看着”“防着”“握着”，把婚姻“抓”得太紧，渐渐地家庭不但不会带给彼此放松和快乐，相反会成为彼此的负担。

在接受一些心理咨询时，谈到一些女人与自己老公感情破裂的原因时，对方常常后悔地说：都是平常没看紧他，才导致双方的感情逐渐疏远的。事实恰恰相反，很多时候家庭破裂的原因往往来自双方将对方看得太紧，两人之间缺少一点儿自由活动的空间。夫妻生活就像两个人跳舞，两个人不要挨得太紧，有时甚至还要放开手，才能跳出赏心悦目的舞步。如果两个人恨不得黏在一块儿，可以想象跳出来的舞蹈是什么样子。所以，夫妻之间相互留有自由空间非但不会使感情破裂，相反会使夫妻感情越来越紧密。当然这里的自由空间是有一定“度”的，没有“度”的自由空间也是绝对不可取的。

大文豪莎士比亚有句名言：“最甜的蜜糖，可以使味觉麻木，不太热烈的爱情才能维持久远。”一项社会调查认为，每周见一次面的夫妻感情最好，关系最稳定。有的婚姻专家还建议，夫妻可以适当地分床睡觉，既有利于休息，又会使夫妻双方保持各自魅力，让彼此间的爱情在若即若离、不冷不热中长久维持。无论是分床睡，还是固定时间见面，这些都是双方留给彼此的“物理空间”，就是可以用计时或计量单位衡量的空间。其实夫妻间更重要的是要给对方留出一定的心理空间。要在内心做到有松有紧，要把对方放到大海里去遨游，而非圈在自己的小鱼池里。我们仔细观察就会发现：大桥桥面的某些连接处要留缝隙，否则由于热胀冷缩的作用，桥就会挤裂；热水瓶装热水，如果装得过满，反而不利于保温。夫妻之间若是一点儿心理“缝隙”都不留，反而不利于“感情保温”，迟早要“挤裂”的。

亲爱的，有话好好说

世间最温暖的莫过于贴心之话，世间最冰冷的莫过于伤人之言。

阿波是一家广告公司的创意文案，每天的工作压力非常大。即便下了班，他的脑子也会不停地想那些没有敲定的方案。妻子不太理解阿波的工作性质，她满脑子想的是：“我每天这么辛苦，你却一句安慰的话都没有。”看到阿波苦思冥想的样子，她总是说：“你累得倒挺像一个成功人士，赚得还不如快递员多。”

她心里嫌弃阿波没有给自己足够的关心，可话说出来，完全不是想要表达的意思。阿波听了这样的话，自然很恼火。渐渐地，阿波宁愿在办公室加班，也不想回家。妻子打电话给阿波，言语里没有任何关心的成分，有的只是质问和指责，说他心里没有家，不负责任。这样的吵吵闹闹，弄得阿波疲惫不堪，无奈向妻子提出分居。他不忍直接说离婚，因为他心里对妻子还有爱，只是他真的不知道，这段婚姻路该用什么样的方式继续走下去？

夫妻之间的一句话，可能引起争吵，也可能促成和好；可能会是椎心刺痛，也可能是满心欢喜。阿波为事业辛苦忙碌，妻子没说过一句鼓励和支持的话，反倒是指责他、挑剔他，相信任凭是谁，也受不了爱人这样的冷嘲热讽。一段婚姻走到了分居的地步，并没有情感上的特殊矛盾，完全就是因为“话不投机”。

经营婚姻不是一件容易的事，与爱人沟通、提建议也要讲方法。就拿阿波的问题来讲，用温柔的语调告诉他：“看你这么辛苦，我真担心你把身体熬坏了。虽然我知道你是个上进要强的人，可我更喜欢有一个健康、每天笑呵呵的丈夫。”这番话，听起来肯定要比“你不如快递员赚得多”舒服得多，更重要的是，这种平和而有力量的支持，也会给他的工作注入激情，让生活充满信心和希望。

艾米结婚快十年了，有个可爱的女儿，物质生活上也挺富足，唯一让她苦恼的是，丈夫总是忙于工作，有时连续几天住在公司，电话也不打一个。艾米多次提醒丈夫，多给家里打打电话，可丈夫老是拿没时间作为理由。

一天晚上，艾米吃过晚饭后带着孩子去小区附近的健身场玩，故意没给丈夫留晚饭，还把手机丢在家里。等到她回家时，看见丈夫的公文包在沙发上，人却没在。过了一会儿，丈夫回来了，气急败坏地冲着艾米喊：“你去哪儿了？电话也打不通。我以为你们出什么事了。”

艾米心里很得意，却装作很不在意，答道：“你也知道着急啊？你经常不接电话，让我找不到，我难道就不担心吗？”丈夫听后，一句话也没说。见此情形，艾米又缓和了语气，说：“我知道，你事业心重，这一点我也挺欣赏你的。可你再拼，也要处理好事业和家庭的关系。工作之余，你能多陪陪我跟孩子，我们的生活会更好，我也会把‘贤内助’做得更好。”

那次谈话以后，丈夫确实改变了许多。

艾米故意设计了一个“局”，没有大发雷霆地吵闹，却让丈夫体会到了自己平日里的感受，改善了夫妻间的关系。很多时候，试着改变一下说话的方式，变换一个字眼儿，就能让表达的意思迥然不同。

美国西雅图葛特曼研究院创建者、《婚姻美满的7条准则》一书的作者、哲学博士约翰·葛特曼认为：轻蔑会加快婚姻的崩溃。感情不和的夫妻之间，最明显的征兆之一就是，不管一方说什么，另一方总是不屑一顾，或是面带挖苦地说：“就知道你会这么说。”虽然没有直接责难，却等于在用另一种方式说对方愚蠢。所以，这样的话坚决不能说。你可以试着语气真诚一些，考虑对方的感受，然后表明你希望他/她怎么做，以此来解决问题。

对爱人有什么不满的地方，别列出一大堆抱怨和委屈的清单，要强调他/她的行为带给你的感受，而且一次沟通只谈一个问题，比如：“我想跟你说，你每天下班只顾着打游戏，我觉得挺难受的。”这样说来，势必比“我真受不了你了”要好得多。另外，说话时不要用“总是”或者“从不”这样的字眼儿，要知道这些字眼儿出现时，对方是不可能和你进行正常交流的，因为它表示着全盘否定，意味着责任全在于对方，而与你没有任何关系。

最后一点，别吝啬对爱人的肯定和感激，这会让他/她乐意继续坚持下去。幸福的伴侣，深谙彼此欣赏的重要性，他们会经常互相赞美，哪怕是细枝末节的地方，也不忘说声谢谢。伴侣相处时，把爱、尊重、理解、包容时刻融在话语中，几乎所有问题都能够得以回避和改善，这样一来，彼此关系也能日趋和谐。

第九章

少有人走的路
——超越自我的心理博弈

人最大的敌人是自己，自律在很大程度上都是与自己的博弈。轻信与多疑妨碍了我们的交往；贪婪有可能将我们带入险境；焦虑和压力似乎要将我们榨干……放下每日的匆忙繁芜，你会发现自己其实还可以有另外一种活法。换一个角度，天地大宽。

轻信与多疑——成功的绊脚石

轻信与多疑严重妨碍了人们的人际交往，而且两者经常转化。过于轻信他人的人在受到自己信任的人的伤害后，往往走向另一个极端，变得对世界一切都感到不可信，怀疑一切。这是另一种的不成熟。

轻信的人的特点是，是话都信，不加分辨；毫无定见，往往头晕目眩，多方讨好，用偶像充盈房屋，这明显是心智不够成熟的表现。对自己将来的事毫无把握，盲目相信看起来比自己优秀的人，结果是照别人的模子画像，越画越不像，往往得不偿失，后悔莫及。

而对于多疑，我们则来先看一则寓言：有个老头丢了一把斧头，怀疑邻居的一个小孩偷去了，而且越注意就越觉得那个孩子无论是神态、姿势，还是说话的音调都变得异样了。几天后，老头在山里找到了丢失的斧头，第二天，老头再去看那孩子，却一点都不觉得他行为异样了。

这是一个多疑的典型例子。多疑，是在一种偏常认识的支配和影响下造成的性格缺陷。多疑的人，常常固执地产生缺乏事实根据、不合逻辑的想法和观念。因此多疑者往往人际关系紧张，容易焦虑，并影响身心健康。

导致猜疑的原因主要与个人的一些特点有关：

1.自信心不足

别人的不信任（即“他信”的缺乏），往往同“自信”不足相联系。疑神疑鬼的人，看似疑别人，实际上是对自己有怀疑，至少是信心不足。这部分人在某方面自认为不如别人，但自尊心过强，因而总以为别人在议论自己、算计自己、看不起自己。越想越认为是真的，陷入猜疑怪圈而无力自拔。

2.以前交往挫折失败的打击

一些人以往比较轻信别人，并轻易地把别人看成知己，向其倾诉许多个人的秘密，但却受到欺骗或愚弄，遭受了打击，于是导致过强的防御心理，不愿再信任他人，遇到什么事情都要怀疑再三。

3.错误的思维方式

多疑的人凡事总爱往坏处想，先树立起一个对自己不利的假想目标，然后搜寻证据，进行自我论证。这样越疑越想，越想越像，越像越疑，最后形成了猜疑的恶性循环。猜疑一般总是从某一个假想目标开始，最后又回到假想目标，就像一个圆圈一样，越画越粗，越画越圆，最终把自己封闭在里面了。开头说到的寓言就是这方面的典型例子。

猜疑似一条无形的绳索，会捆绑我们的身心，影响我们的交际。如果猜疑心过重的话，就会因一些可能根本没有或不会发生的事而忧愁烦恼、郁郁寡欢。猜疑者常常嫉妒心重，比较狭隘，因而不能很好地与同事朋友交往，其结果可能是无法结交到朋友，变得孤独寂寞，对身心健康都有危害，因此需要加以改变。

1.发现自己的优点，增强自信心

每个人都不是十全十美的，不要只看到缺点，更重要的是发现自己的优势，培养自信心和自爱心，相信自己有能力，会给他人一个良好印象的。这样就会充满信心地工作和生活。

2.养成积极的思维方式

凡事要多往好处想，往积极的方面理解。比如，同事夸赞你工作好，那你就要理解成“别人在赞赏我，佩服我”，别人主动接近你，那你应将之理解成友好的表示。这才是正常的、健康的、真正对自己有益的思维方式。即使是在交往上有过受挫经历的人，也要看到，“骗子”毕竟是生活中的极少数，“一朝被蛇咬，十年怕井绳”的思想只能孤立自己。

3.加强交流，解除疑惑

有些猜疑来源于相互的误解，如果是这种情况的话，就应该通过适当的方式，两人坐下来交流。通过谈心，了解对方的想法，消除误会，避免因误解而产生冲突。

和自己的贪婪本性博弈

贪婪是人的本性。每个人在不同的时期都有不同的需求和想法，有的人可能对金钱情有独钟，因为他觉得这个社会有钱就可以拥有一切，豪宅，名车……怎么来应对人根子里的贪婪本性，这是自有人类以来就众说纷纭的话题。

一个学者曾经说过：一个人的心脏只有拳头大小，但是，如果你把整个地球全部装进去，也装不满，还会有空隙。这句话形象地说明，人是一种非常贪婪的动物。

人在各个方面都是永远不会满足的。这种不满足既有好处，也有坏处。贪婪可以让人永远有所追求，贪婪也可以把人送进监狱，关键要看贪婪用在什么地方。

如果这种贪婪，用在发展科学技术方面，那么，人们会在科学方面日新月异。从人类发展史上来看，也确实是这样，特别是在近代，在科学发展的同时，也给人们带来了舒适的生活、便捷的交通、信息的畅通。总之科学的发展，让人们生活一天比一天过得更好。

如果这种贪婪，用在生活方面，那么，人的贪婪就不是一件好事。大家也可以看到，古代的皇帝就是最好的说明，后宫佳丽三千，花天酒地，享尽人间富贵。一个皇帝就这样，如果大家都想当皇帝，那么就要进行你死我活的斗争。结果，生灵涂炭，百姓遭殃。

现在的许多贪官，也同样如此，他们的贪婪本性得到了充分的发挥。有权不用，过期作废。贪官的哲学是在位一天，就捞一天。已经有了一百万还不满足，还想要二百万，还想要一千万，甚至还想要更多的钱。事实上要那么多的钱有什么用？最后还是因为贪婪被送上了断头台。

中国的三字经说：人之初，性本善。确实人的可塑性是比较大的，当我们每一个人来到这个世界上的时候，本质上应该是大同小异的，是可塑的，会接受各个方面的教育，会受到各个方面的影响。

同样贪官本身并不是必然的贪官，他们也同样受到了环境的影响。为什么腐败现象这么严重？这就说明，除了人在本质方面所具有的共性以外，在监督机制方面确实是出了问题，在体制方面也确实存在着产生腐败的土壤。

贪婪是人的一种本性，贪婪和自私本身并不可怕，可怕的是对它们没有制约。没有制约，那么它们毁掉的不仅仅是某些人，而是整个社会！

世界上没有永恒的优势

企业和个人永远处于竞争之中，没有永远的优势，也没有永远的模仿。在我们身后的选手总是能比我们当初的成长要快得多，请不要低估你的对手，模仿者一样可以超过发明者，后来居上是完全有可能的事情，只要你稍一松劲就会被人超越。

阿迪达斯的经营策略一直被奉为业界的金科玉律，但是这种资源和能力很容易被别人学会和建立起来，并不存在什么壁垒。当然，即便很多公司都模仿这种策略进行操作，阿迪达斯仍然是当时最优秀的，也许正是这一点使得阿迪达斯过分自信无人能够超过他，而固守原地不肯创新，给模仿者超过自己创造了机会。

耐克之所以能够迎头赶上，比其他公司略胜一筹，就在于它善于发现机会，抓住不放，发起攻势。耐克的成功与其说是阿迪达斯的失误，不如说是它的骄傲。在与日本虎牌合作积累了一定的启动资本以后，当运动鞋市场需求大幅度增长时，耐克充分研究了消费者的人口因素、心理因素等，于是不失时机地迅速进入，赶在阿迪达斯尚未醒悟时，耐克迅速扩张，一点点蚕食掉原本属于阿迪达斯的市场份额，成为制鞋业的一匹黑马。

阿迪达斯的失败具有一定的普遍性，与一些处于行业领导地位的大公司一样，表现得自负、自满、反应迟钝、故步自封。与其说它是被别人打败，不如说是它自己打败了自己。企业之间的竞争有着太多的未知数，伴随着环境的变化和竞争的加剧，没有永远的优势，也没有永远的第一。事物总是发展变化的，一个企业必须随时监视和扫描内外部环境的振荡变化，分析机会与威胁的存在方式和影响程度，那些只知固守过去的成功经验、缺乏与时俱进战略思想的企业，最终必将被历史所抛弃。

为此，企业一方面要着重同心多样化，发展各类产品甚至相关产业，充分利用现有品牌产生巨大的协同效应；另一方面加强水平一体化进程，通过购并其他同行来减少竞争对手，实现规模扩张，提高市场份额，创造良好的企业环境，促进企业实现更高程度的规模经济和迅速发展。同时要研究国际化经营策略，必要时可以实施战略联盟，通过合资合作等方式联合其他竞争者，共同对付行业的领跑者。

竞争永无止境。我们正处在一个不连续的时代，任何新机遇的错失都可能是致命的打击；我们正处在一个后喻时代，在我们身后的选手总是能比我们当初的成长要快得多，请不要低估你的对手，模仿者一样可以超过发明者。海尔的张瑞敏讲“对于如何把大公司由大变小很头痛”，说的就是公司做大以后很难再具备创业初期的朝气、灵活和敏锐，如果不能时刻警惕、与时俱进，就不能逃脱失败的命运。这些对我们做企业的来说都是很好的启示。

认识心中的恶魔，走出心魔

美国俄亥俄大学的一项研究表明，人类所有的行为都是由15种基本的欲望和价值观所控制的。这也许是人类第一次将自己的行为列出一个清单，在此之前，从没有人将人类的行为分解为一系列内在欲望的组合。

人都有好奇心，都有学习自己感兴趣东西的欲望；人对美食的诱惑往往难以抵抗；人在心里都有自己的道德准则，渴望得到认同，渴望得到荣誉；人对运动有种天生的渴望，只是现在人有些犯懒了；人渴望一个有秩序的环境，希望在有序的环境中占有一席之地；人有复仇的心理本性，但是可能会被道德抑制住……

在所有的欲望中，有的是自然的和必要的，有的是自然的但不是必要的，有的既不是自然的也不是必要的，而是由虚幻的意识产生的。

所谓“自然的和必要的”指的是不得满足就会痛苦的欲望，

比如饥饿、渴、冷。要满足这些欲望只需细微的努力。

所谓“自然的但不是必要的”指的是能带来快乐，但是没有也不会痛苦的，比如奢侈的宴饮。

所谓“既不是自然的也不是必要的”指的是对名利的过度追求，比如“戴上王冠，被竖立雕像”。

能带来宁静的最佳办法就是简单的生活方式。它不要人忙忙碌碌，它不要求我们从事令人不快的工作，它不会硬要我们做那些力所不及的事情。

很多人不甘心过简单的生活，因为它挣钱太少，或者满足不了自己的虚荣心。其实对人身心最有益的是去做一份从从容容的工作，一份自己喜欢的工作，一份自己能够胜任的愉快的工作。

我们做的一切事情都是为了这个目的：免除身体的痛苦和灵魂的烦恼。

将生活的目标确定为身体的无痛苦和灵魂的无烦恼，这就是伊壁鸠鲁所主张的快乐哲学。可它听上去简单，做起来并不容易。生活中，各种诱惑太多了，我们不知不觉就会去追求那些不自然也不必要的目标，名呀、利呀、权呀。让我们以伊壁鸠鲁的这段话共勉：

无论拥有多么巨大的财产，赢得多么广的名声，或是获得那些无限制的欲望所追求的东西，都无法解决灵魂的紊乱，也无法产生真正意义上的快乐。

暂时压抑欲望是另一种前进

压抑，来自于心，源于生活的追求与期望。我们常常都会为了某个萌动的意念在不停地压抑着自己的情怀。除了一份责任，还有一种执着。人的欲望无止境，很多时候我们都必须压抑着。不为什么，因为我们大多数都是普通的人，有简单追求，为了达到那些现实的梦想，我们不得不去压抑一些情绪，不得不放下享乐，凝聚所有的力量去放飞追求的翅膀。

大家都知道，有很多人经受不起风雨的折磨，会偶尔迷茫地爆发，压抑太久，也不见得是一件好事情。它是人类承受的对手。在压抑的背后，有悲，也有喜。可是，我们不得不去面对一切太多的诱惑和太多的苦难，生活即是如此。俗话讲就是顾得了这头，顾不了那头。人的一生也许就是和自己在作永远的战斗，战胜了那压抑着的欲望，就获得不一样的成功。反之，则是失败与失去。

如果大家凑到一起，最关心的现实话题无非就是房子和收入之类的。工作时，朋友聚会时，说得最多的还是这些。房子的事情揪心撕肺的。谁买了房子，就好像把媳妇娶回家一样，把心装进了肚子里。谁没买房子，坐立不安，不敢玩，不敢吃，不敢消费。谈不上是热锅上的蚂蚁，却也无法安定地工作，惶惶不可终日。于是乎，为了买房子，全家出动，左借右借，搞得鸡飞狗跳的，甚至不惜按揭，或者贷款。这里，先撇开消费观念的不同不说，仅就贷款买房子的人说，每个月的收入是固定的，除了日常支出，干什么都得精打细算，更不敢有什么意外，比如生病呀，受伤呀，等等。让人无缘无故地失去很多平凡的欢乐。

活着，谁没有想法，谁没有欲望？只是，别让那些多余的想法耽误我们，丢失本不应该丢失的东西。别让一些莫名的忧虑和担心占据我们的心，成为一种负担，从而错失更重要的。相传有一位外国学者问一位中国智者，怎样才能达到你这样的境界？智者说，你爬到山的最高峰，在那里虔诚地祈祷。在祈祷的时候，千万不要想犀牛。学者觉得很奇怪，犀牛是什么？犀牛不是什么，也没有什么。犀牛只在外国有，中国没有，亚洲的印度有。亚洲出产的犀牛角是世界驰名的珍贵药材。学者爬到了山顶，在那里祈祷。可是，无论怎样祈祷，他都做不到一心一意，因为在他的脑子里一直盘旋着那只犀牛。

记得在44届金马奖的最佳导演奖颁发会场，李安导演摘取了那个荣誉，站在旁边的李君如小姐想尽一切办法让他当众做一个可爱的鬼脸相，声称不要压抑自己的情绪，该放松一下。最后李安很可爱的用了仅有的几秒时间举起了双手的两个可爱指头，嘴巴很风趣地鬼笑着。他也很幽默地解释了一番，说要把所有不容易或者不能发生在自己身上的故事全表现在影视生涯的追求中。是的，李安也在工作中一直压抑着自己的某些想法，可在这些压抑的背后，我们看到了很多优秀的作品。通过这些作品，我们看到了在李安压抑欲望的后面，是如此的繁华和敬业。其实，真正理解了压抑欲望的本质，才能苦其心志，发其生力，更懂得如何去追求梦想。正确地压抑欲望，便能放飞梦想的翅膀。

很多欲望都在不停地拍打着它诱惑的臂膀，等待着我们的奋力争取，没有最好，只有更好。人的生命有限，追求却无限，我们能做的，就是在有限的时间里面，尽力做好一切。在压抑欲望的背后，我们别忘了放飞那隐形的翅膀。

在错误面前学会反省自己

有个太太多年来不断抱怨对面的太太很懒惰，“那个女人的衣服永远洗不干净，她晾在院子里的衣服，总是有斑点，我真的不知道，她怎么连洗衣服都洗成那样……”

直到有一天，有个明察秋毫的朋友到她家，才发现不是对面的太太衣服洗不干净。细心的朋友拿了一块抹布，把这个太太的窗户上的灰渍抹掉，说：“看，这不就干净了吗？”原来，是自己家里的窗户脏了。

有一只乌鸦打算飞往东方，途中遇到一只鸽子，双方停在一棵树上休息。鸽子看见乌鸦飞得很辛苦，关心地问他要飞到哪里去。乌鸦愤愤不平地说：“其实我不想离开，可是这个地方的居民都嫌我的叫声不好听。所以我想飞到别的地方去。”鸽子好心地告诉乌鸦：“别白费力气了！如果你不改变你的声音，飞到哪里都不会受欢迎的。”

从这两个小故事中，你有没有读出什么？眼睛长在我们自己身上，但是我们看不到自己，我们只能用它来看世界，看别人。

这是生理特征，我们没有办法改变。但是我们不应该养成这样的心理特征，只看到别人的优点缺点，而不肯正视自己的得失。

吃饭时，一个8岁的孩子用一小块面包逗小狗玩，狗玩起来撞翻了他手中的盘子，盘子碎成几块。

男孩对父母说："你们看见了，是小狗打碎了盘子，不是我的错。"

母亲说，盘子确实是小狗撞翻的，可是你有没有错?

男孩大叫："是小狗的错，不是我的错。"

父亲过来叫男孩离开餐桌到他自己的房间里去，想想自己究竟有没有错。

十几分钟后男孩走出房间说："小狗有错，我也有错，我不该在吃饭时逗狗，这是你们多次对我说过的。"

父亲笑了："那么今天你就该为自己的错承担责任：收拾餐桌，并拿出零用钱赔这只盘子。"

这是发生在法国一个普通家庭的一幕，法国人从小就注意培养孩子的自我反省意识。他们认为，碰上了不愉快的事再去强调客观于事无补。这时，应该扪心自问有没有错或怎样避免下次再犯同样的错误。法国人极少在公共场合吵架，可能与这个民族长期奉行的自我反省习惯有关。它让人的修养越来越好，最大限度地减少人际交往中的摩擦。

有一个人整日埋怨生活不顺利，好像不如意的事情都发生在他的身上。有一天，他发牢骚说："为什么命运之神要这样捉弄我？"

没想到，他的话被命运之神听到了，命运之神对他说："其实这与我没有关系，只是你忘了生活中一个重要的环节，抓住了这个环节，你就会事事如意。"那人请教命运之神是什么环节，命运之神说："把反省当成自己每日的功课。"

所谓反省就是反过来审查自己，检讨自己的言行，看有没有要改进的地方。"金无足赤，人无完人"，每个人都有缺点，都会犯错，为什么不静下心好好看看自己，反省一下自己呢?

为什么要提醒你把眼光放在自己身上呢？正是因为大部分人都不知道该这样做，或者知道却做不到。我们看别人的错误清清楚楚，于是我们懂得好心地提醒别人，但是我们往往不能看到自己的缺点，不懂得提醒自己。

有一对夫妇因偷盗而被示众，人们万分愤怒，指责与漫骂的声音像大海的海浪一样，一浪高过一浪，有人竟然还提议用石块将夫妇打死，并且人们都同意这样做。正当他们准备用石块砸向这对夫妇时，耶稣路过广场。面对这种情况，他想了想便对愤怒的群众说："好吧，那么就要我们当中从来没犯过一次错误的人扔第一块石头。"结果群众都不说话了。

"没有人定你们的罪吗？那么我也不定你们的罪吧！"耶稣对偷盗夫妇说。

不要看不到自己的过错，只会去追究别人的过错。指责别人已成为我们的习惯，但我们却往往看不到自己身上的缺点。人人都犯过错误，但很少人能反省自己，改过错误。大多数人就是因为缺少审视自己的习惯，所以始终看不清自己的本质。

一个人如果能多看看自己，多检查自己，就可以发现随时发现自己不断变化中的长短得失。若是正确，以后可以继续；如果是错的，就立刻加以修正。

我们都需要镜子，就是为了看看自己。可是，除了检视我们的外表，我们的心灵也需要镜子。我们的心灵也需要时时审视。想想看，有时候他人无礼的行为是因你而起的，也许你自己都未意识到不经意散发的讯息对别人所造成的影响。想想自己与别人的交往模式，你是否打断过别人的发言？你是否对他人的帮助真诚地表达谢意？你是否己所欲而不施于人？己所不欲反而施于人呢？

眼睛不仅仅是用来丈量别人、观察世界的，我们也要学会把眼光放在自己身上，好好审视自己，清醒认识自己，这样才能走好。

这是孔子的一句话："躬自厚，而薄责于人，则远怨矣！"意思是能够自我反省，多从自己身上找原因，责备自己多，而埋怨人家少，内心的怨恨自然就少了。

夏朝的时候，一个背叛的诸侯有扈氏率兵入侵，夏禹派他的儿子伯启抵抗，结果伯启打败了。他的部下很不服气，要求继续进攻，但是伯启说："不必了，我的兵比他多，地也比他大，却被他打败了，这一定是我的德行不如他，带兵方法不如他的缘故。从今天起，我一定要努力改正过来才是。"

从此以后，伯启每天很早便起床工作，粗茶淡饭，照顾百姓，任用有才干的人，尊敬有品德的人。过了一年，有扈氏知道了，不但不敢再来侵犯，反而自动投降了。

伯启的反省和及时的改正提升了他自己的实力，让他在和有扈氏的对决中赢了，而且是没有真正去战场上就让对方服输了。这样的结果是最理想的，双方都没有损失的情况下就决定了胜负。人生中，遇到失败或挫折，假如能像伯启这样，肯虚心地检讨自己，马上改正有缺失的地方，那么最后的成功，一定是属于你的。

很多人一腔热血，愤世嫉俗。看很多事情都不顺眼，总是觉得别人浑身都是缺点。可是，为什么不肯看看自己呢？如果不肯检查自己的错误，对自己的成长是一种最大的耽误。

你要明白，这个世界上，改变别人是困难的。即使改变了别人，你也不会有什么进步。所以不要总看别人，而是要多多审视自己，时刻提醒自己还应该做得更好，你就能够改变自己，使自己得到进步。对照高尚的道德标准省察自己的言行，不断地完善自己，君子就不会有祸患。

随时随地都应该问问自己，是否对以前犯过的错误都一清二楚？若不能从自己身上找出失败的原因，难免下次还会犯同样的错误。在失误时，应该多反省一下自己，平心静气地正视自己，客观地对待自己的失误。这既是一个人修身养德必备的基本功之一，也是增强你自己生存实力的一条重要途径。

人一生中会犯很多的错误。犯错误不要紧，重要的是要吸取教训，反省自己，然后改正，提高自己，完善自己。人活着本来就是个不断完善自我的过程。人需要在生活的磨难里，一点点地完善自己，发现了缺点就改正，发现了不足就弥补。

不肯把眼睛放在自己身上，就很难发现自己有什么需要改进的地方，就很难实现积极的自我超越。当你学会了审视自己后，才能更好地审视周围，这样，你才不会盲目。多认识自己，多反省自己，才能让你更好地把握自己的人生，始终清醒地站在风口浪尖，不被生活的暗流淹没。

你不肯容忍自己脸上带着污迹出门，所以你总要照照镜子。可是，心灵上的灰尘呢？好好审视一下自己，反省一下自己吧。如果不肯让眼睛在自己身上多停留，那就是对自己极大的不爱惜和极不负责任的纵容。

审视天地岁月，可收获哲思；审视世事人生，可增添睿智；审视文化历史，可厚实底蕴；而审视自身得失，可完善自我。

转换想法，心境豁然开朗

有时候我们总认为上天对我们不公，因为我们所有的付出总得不到好的回报，我们兢兢业业，一丝不苟，一直不敢对自己的事业掉以轻心。付出了那么多，换来的却是仅剩的一点，这是多么的让人沮丧，严重打击我们做事的积极性。然而某一日，你终于放下每日的匆忙烦务，一个人在街上散步，脑子轻松，幡然醒悟，自己其实还可以有另外一种创业，另外一种活法。换一个角度，天地大宽。

某大公司要招聘一名总经理助理，广告刊登后，应聘材料像雪片一样飞来。经认真挑选，50人有幸被通知笔试。考试那天，众考生个个踌躇满志，胸有成竹，显现出志在必得的信心。很快，考试就开始了，考官把试卷发给每一位考生，只见试卷上题目是这样的：

综合测试题（限时3分钟）

1.请先把试卷认真读完；

2.请在试卷的左上角，写上你的尊姓大名；

3.在你的姓名下面写上汉语拼音；

4.请写出五种动物的名称；

5.请写出五种植物的名称；

6.请写出五种水果的名称；

7.请写出五座中国城市；

8.请写出五座外国城市；

9.请写出五位中国科学家姓名；

10.请写出五位外国科学家姓名；

11.请举出五本中国古典名著；

12.请举出五本外国文学名著；

13.请写出五个成语；

14.请写出五句歇后语；

……

多数考生匆匆扫了一眼试卷，马上就拿起笔，“沙沙沙”地在试卷上写了起来，考场上的空气都因紧张而有些凝固。

一分钟、两分钟、三分钟，时间很快就到了，除了两三个人在规定的时间三分钟之内交卷外，其他人都还忙着在试卷上答写。

当考官宣布考试结束，未按时交的试卷一律作废时，考场上像炸开了锅，未交卷的考生纷纷抱怨：“时间这么短，题目那么多又那么偏，怎么可能按时交卷？”

考官面带微笑，“很遗憾！虽然各位不能进入敝公司的下轮考试，但不妨都把手上的试卷带走，做个纪念。再认真看看，或许会对你们今后有所帮助。”说完，他很有礼貌地告辞了。

听完考官的话，不少人拿着手中的试卷继续往下看，只见后面题目是这样的：

17……

18……

19.请写出五个“认真”的同义词；

20.你已经看完了题目，请只做第2小题。

全国知名特级教师、清华大学附属小学副校长窦桂梅说：“随波逐流，循规蹈矩是成长的最大敌人。我经常告诉自己：人云亦云的尽量不云，老生常谈的尽量不谈。”这话意味深长，富有哲理。

由于我们从小受到大致相同的教育模式训练和框定的影响，导致了我们多数人几近相同的思维定式，热衷随波逐流，愿意循规蹈矩，缺失了开拓创新、多元思维、逆向思维等诸多意识和能力。这是上述招聘事例中多数人惨败而退的一个重要原因。

有位经济学教授被邀请给企业的管理人员作报告。报告前，他给听者出了这样一道思考题：

“很远的地方发现了金矿。为了得到黄金，人们蜂拥而去，可是一条大江挡住了必经之路，你们会怎么办？”

教授刚说完，会场马上热闹起来，有人说游过去，有人说绕道走。但教授却笑而不语。良久，教授才严肃认真地说：“为什么非要去淘金，为什么不可以去买条船来搞营运，接送那些淘金的人，这照样可以发财致富！”

全场愕然了。教授接着说：“人们为发财，即使船价再贵，也心甘情愿买票上船。因为前面就是诱人的金矿啊！”听者茅塞顿开。

的确，对于学习、工作和生活中遇到的许多问题，当我们无所适从时，为什么就不能换一种思维呢？

从教授给出的答案中我们不难发现，在智者眼里，困境往往意味着一个潜在的机遇，只是我们未曾想过而已。

一个成功的人，他总是会从别人不经意的一件小事上悟出大道理，从别人经常能够看到却往往疏忽的另外一个角度寻求到问题的解决方法。换言之，他善于开动脑筋触及更多思维角度，所以，在别人看来，他脚下的成功途径更多更宽阔。

后记

社会是个大棋局，所有的人都是棋友，用英语语法的时态来描述，就是过去已经完成，现在正在进行，并且将来永远被动虚拟地在这个棋局里下棋玩，一直下，直到着凉翘小辫伸腿瞪眼玩儿完了，儿子还要接班接茬下。大概就像有副对联说的，舞台小人生，人生大舞台，改成棋局小人生，人生大棋局就对了。

下棋人人都会，就是按照一定的规则轮流走步，走步的时候猜想一下对方会如何应对，对方这么应对，我再那么应对。脑瓜子大的人想的步数多，就占便宜。脑瓜子小的人想的少，就吃亏。最后就有输有赢，不输不赢那叫和棋。如果带赌钱的，那输了的就得给赢了的钱。总起来看，这钱的总数不会增加，就是挪了个地儿，从张三丰的口袋跑进了李四光的钱包。这个事儿起上个名叫作“零和游戏”。

往人多里说，玩儿麻将啊拱猪啊，那也是一种棋局，是四个人在一起玩的广义的棋局。人生这个棋局那就是全社会的人共同玩儿的特大号棋局了。

人生这个大棋局，与两个人玩儿的小棋局略有不同，可以是零和，也可以是双输，也可以是双赢。据资本家开出的妙方说，只要大家都是自私的，有理性的经济人，然后大家在下棋的时候按照帕累托法则走步，那么就会双赢，或者至少别人赢钱了，你也没有输。但是如果你不按帕累托法则走步，或者不那么理性，那你输了就活该了，怨不了别人。但是哪能所有的人都有理性？那社会上不是还有疯子嘛，就算都有理性，可是有些人不是更有理性。就像下棋，那还分段位呢。所以实际的情况是有人因为没有按照最佳步骤来下人生这盘大棋，所以就输了。

赢了的人叫作强者，输了的人叫作弱者。因为同时下同一盘棋的人不止两个，所以会有最强者，次强者，最弱者，次弱者等等名堂出来。

博弈就是算计，你不算计我，我就算计你。下棋就要有规则，真正的象棋它的规则一定是在下棋前就制定好了，并且下棋两方都同意的。人生这个棋局就不一样了，规则可以随时改变，而且往往由强者制定，所以，赢，就是我们的唯一追求。古人有言，“攻心为上，攻城为下”“不战而屈人之兵，乃大善也”。在与人博弈的过程中，抓住对方的软肋，打动对方的心扉，远比冷冰冰的较量更有力度，这也是我们最大的追求。